软计算：
确定性的挑战与超越

贺天平　刘伟伟　著

科学出版社

北京

内 容 简 介

软计算不是一种单独的方法，而是一簇方法的集合。本书系统梳理了软计算的历史发展，剖析了软计算对确定性的争辩、挑战、超越与升华。本书不仅能够让我们从更深的层次上理解软计算的计算特征，同时也有利于我们更好地把握软计算发展的基本思路和未来方向。

本书既适合哲学社会科学领域的研究者、教师和研究生阅读，也适合从事科技政策研究与分析的人员阅读，还适合信息科学领域、部分自然科学领域的科研工作者阅读。

图书在版编目(CIP)数据

软计算：确定性的挑战与超越 / 贺天平，刘伟伟著. —北京：科学出版社，2017.9
  ISBN 978-7-03-054551-0

Ⅰ. ①软… Ⅱ. ①贺… ②刘… Ⅲ. ①电子计算机-计算方法
Ⅳ. ①TP301.6

中国版本图书馆 CIP 数据核字(2017)第 230890 号

责任编辑：刘英红 / 责任校对：贾伟娟
责任印制：吴兆东 / 封面设计：华路天然工作室

科学出版社 出版
北京东黄城根北街 16 号
邮政编码：100717
http://www.sciencep.com
北京京华虎彩印刷有限公司 印刷
科学出版社发行　各地新华书店经销
*
2018 年 3 月第 一 版　开本：720×1000　1/16
2018 年 3 月第一次印刷　印张：10 1/2
字数：200 000
定价：68.00 元
(如有印装质量问题，我社负责调换)

本书是国家哲学社会科学基金重大招标项目（编号 17ZDA029）的阶段性研究成果。

目　录

绪论

软计算与科学革命

    确定性与不确定性问题在科学研究领域中是个非常重要的问题，关于这个问题可以衍生出许多当代比较热门的科学哲学论题，如科学划界问题、科学的真理性问题、科学的实在论基础问题、科学的合法性辩护问题等。上述这些问题实际上都涉及科学的确定性与不确定性的原则性问题，而这些问题同时也伴随在现代科学发展、繁荣和进步的整体历程之中。

    20世纪后期以来，在科学革命的时代背景下，有关科学的世界观与认识论发生着日新月异的变化，其中比较显著的一种发展趋势就是在科学研究领域之中发生的由传统科学向现代科学的转换。从计算科学的角度来看，传统科学的核心是硬计算[①]，而现代科学的核心则是软计算——硬计算与软计算分别代表着两种基于不同哲学世界观背景的、以问题求解为导向的人类理性方法论抉择。

    软计算与硬计算所依托的科学基础是存在差异的，与软计算相对应的是现代科学，而与硬计算相对应的则是传统科学。一般而言，传统科学所代表的是一种在传统科学背景下的确定性思维，这种确定性具有很大程度上的僵化性，而现代科学所代表的则是一种相对不确定性的思维，它代表着人类理性与非理性的综合考量。为此，我们有必要考察上述两种理论趋向之间差异性形成的深层次根源。

一、计算的基础——数学合法性辩护

    我们知道，计算是数学分析的基本工具，同时也是其发挥效力的主要手段，在当代科学研究中，软计算方法的产生与数学本身关于其存在地位合法性的反思是不可分割的。正是这种关于数学存在地位合法性的内在反思，促进和酝酿

---

① "硬计算"这个术语首先由美国加利福尼亚大学的扎德（L. A. Zadeh）教授于1996年提出。

了在计算科学领域之中由传统的硬计算向当代软计算方法论的转换。长期以来，因其具有形式方面的简洁性、分析性与可推演性，数学计算一直被人们视为是一种获取真理认识的重要途径。换而言之，数学计算被人们赋予了一种客观主义的、远离经验干扰的理性真理特质，人们认为借助数学计算可以保证我们在对自然世界现象进行探索的过程中秉持一种精确无误的、符合理论预定目标的适当途径。

科学研究与感性经验之间存在着距离，而科学研究本质上又是感性经验的一种抽象化——数学则是实现这一抽象化目标的工具。例如，在物理学中，抽象概念的推导需要借助于数学规律来加以实现，而数学的语言则是描述与解释物理现象的重要手段。相对于物理学而言，数学并不直接接触物理世界的基层现象，而只是谨慎地将自己限定在有关概念推导和抽象形式的界域之中。作为理性思维的一种具体表现，数学计算伴随着 16 世纪文艺复兴运动的兴起，开始在人类知识领域之中扮演着越来越重要的角色，这种理性主义的思维无论是在大陆哲学的唯理论中，还是在英国哲学的经验论之中都得到了充分的展现，而一种计算主义的思维也开始在科学研究的各个具体领域当中得到了延伸。

传统数学所依赖的是亚里士多德的经典逻辑——理论上来看，计算函数可以被归结为递归函数，其运算推演的基础是公理化的符号规则。然而，非欧几何的创立使人们意识到，数学其实是一种人为构造的产物，它本身只是一种对于现实世界的近似描述。也就是说，数学和现实世界之间存在着距离，每个公理体系都包含着未定义的概念，其属性在这些公理意义上是明确的，但这些概念的意义却并非完全确定。之后，到了 19 世纪末，伴随着集合论思想的提出与完善，人们认为数学的内部悖论与矛盾都已经得到了解决，数学已经达到了一种惊人的严密性，这样就使得数学的基础得到了充分的巩固。令人意想不到的是，20 世纪初罗素悖论的提出却打破了数学家的这一迷梦，并且使得数学再次陷入了一场更大的危机当中。为此，以罗素（B. Russell）为代表的逻辑主义、以布劳威尔（L. Brouwer）为代表的直觉主义和以希尔伯特（D. Hilbert）为代表的形式主义从不同的路径出发试图改变这一令人尴尬的局面，这表现在：罗素提出了数学类型论的思想、希尔伯特建立了元数学理论、哥德尔（K. Gödel）则提出了数学不完全性的定理——在上述思想的基础上，现代数理逻辑及数学证明论开始形成并确立，这使得数学史上的第三次危机得到了一定程度上的缓解（尽管时至今日，数学危机仍然没有从根本上得到解决）。

从根源上来看，第三次数学危机的产生与爆发，深刻地反映出以逻辑和数论为基础的硬计算本身，在一个封闭的形式系统之中是不可能真正具有完全性、无矛盾性的，这也意味着逻辑协调性必然具有自己特定的范围和界域——在一定范围和界域之中的形式系统完整性总是相对的、有限的、具有局域性的，形式主义的这种数学分析思维本身就具有绝对主义、客观主义的先天狭隘性。为此，单就作为数学基础的逻辑学在 20 世纪本身的发展而言，逻辑学家就已经提出了超越传统逻辑的多值逻辑、模态逻辑、道义逻辑、时态逻辑与模糊逻辑等多种非经典的逻辑类型。由此可以看出，从数学计算分析的角度来说，软计算基于模糊逻辑思维在计算推理的过程中引入不确定性变量的理论尝试，不仅是一种数学学科外部压力驱动的结果，而且更是一种数学学科理论内部演进到一定阶段所产生的自然而然的理论选择。

二、计算的功能——科学的角色转换

20 世纪以来，特别是 20 世纪中后期以来，科学研究的对象、手段、界域乃至于整体面貌都发生了巨大的变化。以物理学研究为例，随着量子力学的兴起和发展，人们逐渐发现科学观察与实验操作并非一种与人无关的、纯粹客观的、仅仅基于计算分析与推理的科学考察过程，它们更多的是一种有主体参与的科学实践活动，其中科学家的思想背景、操作工具、实验环境等因素都会对科学结果的解释和说明产生影响，进而影响科学理论的最终构造。这意味着，科学在人类理性之中作为客观中立的角色定位发生了动摇，人们开始有意识地去思考科学与人文、理性与非理性之间的复杂关系问题。特别是，随着当代各种交叉学科与综合学科的大规模兴起，传统的线性计算推理思维在一些日益复杂的科学问题面前显得力不从心，这使得人们在很大程度上对于计算分析在科学领域之中的角色定位产生了质疑。

从语义分析的角度来看，传统科学之中"硬"的含义在于科学性、严格性与精确性。传统科学以传统的自然科学如物理学、天文学和化学等学科为代表，其主要特征有：①传统科学本质上是一种具有科学主义色彩的、同时也具有客观主义理论基础的概念范畴，在传统科学中公理和法则扮演着重要的角色，而数学与逻辑则是传统科学构造的"脚手架"；②传统科学依赖于实证的、可计量的实验数值，并以此为基础展开线性的、符合因果律与逻辑法则的推理；③传统科学意味着基于数学构造原则的严格性、精确性与有效性，作为传统科学基础的硬计算使用结构清晰的数理模型，并且尽可能精确，以使得传统科学系统能够充分发挥其功能。不能否认的是，硬计算的确在人类历史上自然科学的研究过程中发挥了重要的作用，从而使得人类理性思维逐渐摆脱了狭隘的形而上学思维窠臼，并且专注于以物理世界可观察、可实证现象为依据的科学认识论。例如，拉普拉斯（P. Laplace）将传统科学（即天文学和物理学）与数学计算联结起来，由他所提出的著名的偏微分方程——拉普拉斯方程（Laplace's equation）本身就是为了解决电磁学、天文学和流体力学等科学领域中的实际问题而提出的一种有效的数学分析工具。

现代科学的目标则是希望解决超越传统科学领域的人文社会科学领域之中出现的复杂问题，从而实现跨学科、多学科、交叉学科的协作研究。现代科学与传统科学是相对而论的，两者在科学发展到一定阶段会发生一定的学科性质迁移，从而使学科的内涵与外延发生变化。例如，传统科学在其最初的产生阶段总是具有一定"软"的特性，即会更多地采用定性研究的方式，而随着对相关科学现象规律及其内在结构具有越来越多的认识，人们会逐渐引入定量分析以便于更加全面地把握科学现象的多方面特征。

在传统科学与现代科学之间，两者存在着长期的对垒，相对而言，类似于社会科学与人文科学的现代科学领域中则通常并不包含精确的数值变量——它依赖于定性的数据分析，并且很难得出精确的、以数值作为输出结果的结论，这使得软计算逐渐成为现代科学构造的重要工具。例如，扎德将人类知识体系区分为人文系统和机械系统两种不同的系统类型，而人文系统在很大程度上受到了人的判断、情感和感知的影响。显然，传统的硬计算在分析推理的过程中很难把握上述这些要素对于科学研究结果的最终影响。总体上来看，软计算方法的提出具有两方面的缘由：一方面，自然科学与人文科学领域中存在着一些模糊性的问题，这些问题是非精确的，我们很难用传统的硬计算方法加以分析与处理；另一方面，在包括复杂要素的问题语境中，人们需要以一种最优化的路径做出及时的、有效的、代价最小的选择，这就对于计算的非线性目标达成能力提出了更高的要求，而硬计算的精确性与确定性是有代价的。由此可见，软计算方法的形成在很大程度上是源于经验和实践的需要，它本身就体现了非理性思维与逻辑化理性思维的有机融合。

三、计算的本质——人类的认知构成

计算的含义不再是仅仅局限于数字和符号运算的严格数值运算，目前复杂的知识库及与计算机智能系统相关的一些问题，本身并不需要这种精确的求解，而是要处理很多相对模糊的问题。为此，我们就要接受一些不太精确的近似解、次优解，而且计算对象也不只是符号和数字，还包括语言和词语，语言描述更多的是模糊的概念集，无法符号化。

20 世纪 60 年代，美国数学家扎德（L. A. Zadeh）首先提出了模糊集合的概念，突破了二值逻辑的局限，来处理界定相对模糊的概念。到 1991 年，扎德又综合模糊逻辑（fuzzy logic，FL）、人工神经网络（artifical neural network，ANN）、遗传算法（genetic algorithm，GA），将其特征与传统的硬计算相区别，提出了软计算的概念。

软计算用语言方法代替数学方法，更多地运用语言规则而不是数学公式的计算和模型的建构。其意在通过放弃精确的计算模式，引入不确定的、模糊的计算模式来解决硬计算中无法处理的实际问题。软计算不只是一种新的计算方法，它突破了传统计算的局限，提供了一种新的模拟规律和组织结构的方式，对于我们理解世界本身及模拟智能的运行方式具有重要意义。软计算思维超越了传统的基于二值逻辑的严密的结构认识，也不再只关注大脑本身的物理特性，而是走向了基于模糊逻辑和神经网络从组织结构上模拟智能的新层面。

软计算是意在处理近似而非精确解的有效方法的集合，适度容忍模糊性以得到可操作、稳定的解。扎德指出，"人类的认知结构由三个基础概念构成：粒化、组织和因果关系。粒化涉及的是构成整体的基本单元；组织涉及部分结合为整体的组织结构关系；因果关系涉及逻辑推理之间的连接关系"[①]。

1. 人类认知的粒化结构

人类的知识首先来源于对世界的认识，因此在构建知识体系之前，必须对物质世界的本体及人的认识过程有一个明确的认识。那么，世界本体究竟是确定性的，还是不确定的？对此无论是在哲学界还是科学界都引发了激烈的争论。客观层面上关于世界的决定论信条最初是在牛顿定律巨大成功的基础上建立的。在牛顿力学体系中，世界物质运行规律都是固定的，整个宇宙都按照一定的规律，像钟表一样机械地运行。只需要知道初始条件，代入牛顿力学方程，就可以计算和预测未来的事件。后来，量子力学在实验上取得了巨大的成功，海森堡的不确定原理和波恩的概率统计规则作为量子力学的基础逐渐被接受。不确定的概率随机性才是世界的本质特性，因为从还原论的角度看，微观层面的规律决定着所有原子、分子的构成，确定的、有规律的现象则通常出现在宏观可见的层面上。再后来，随着混沌科学、复杂性科学的发展，不确定性的研究深入到了包括物理学、数学、经济学、社会学等各个领域。人们逐渐认识到确定性和不确定性是同时存在的，而与确定性相比，对于不确定性人们几乎一无所知。

另外，在主观层面上，关于人类的主观认识，其核心特征也是不确定性和模糊性，主要可归结为以下三个方面。①人的感官系统的模糊性。人的信息输入几乎全部来自五官和触觉的感知，而感知系统全部都是模糊的。就拿人的视觉来说，人的视力的辨识范围从几毫米到上百米，而且在不同距离下的感知也是很不相同的。对于颜色，人的视觉也只能区分出有限的几种颜色，超过一定的限度就几乎无法分辨。这些辨识度的模糊性和不精确性必然使相应的大脑感知系统也存在很大的模糊性，在有限的相对模糊的范围内，对一些细微的差别无法做出明确的区分。在精确和非精确之间进行必要的转换，否则便无法正常地生存和活动。②人

的语言系统的模糊性。人们日常语言中的基本单元是字和词语，而字和词语与二值逻辑的（0，1）相比存在很大的模糊性。词语本身就包含很多意思，组合起来在不同的语境下又会形成不同的含义，从而具有更大的模糊性。人的思维活动很大程度上都是依赖于语言的，并用语言进行推理和思考。③概念理解系统的模糊性。正如康德所论证的，人先天具有批判理性，也就是进行系统反思的能力。人们不光用语言思考和交流，还能用抽象思维对概念进行推理，以达到很高的思想高度。

总之，从以上分析可以看出，无论是客观的物质世界，还是人的主观认识，不确定性都是普遍存在的，而认识到不确定性的普遍存在是我们进一步把握世界规律的前提。具体到计算层面上，就是破除了硬计算试图通过符号和建模就可以完全描述世界的迷信。但是，如何在新的认识层面下，对模糊的、不确定的事物进行描述呢？当然不确定并不意味着不可知，软计算就是在这样的背景下应运而生的。目前的计算机机器系统都是在一套严格的系统程序下进行演绎推理运算的，要想实现某项功能必须首先将此功能分解为一个逻辑程序，然后编程。而人的思维模式是高度复杂的，无法进行分解，这种机械化的程序几乎不可能模拟出人的思维。因此，模糊性和不确定是机器程序和人类智能区别的关键所在，要想模拟人类智能，必须首先突破机器的二值真假逻辑基础，构建模糊逻辑使机器可以处理相对模糊的概念。

而在软计算中，要想对模糊的事物进行处理，首先要对事物的内涵和外延等在多个维度和层次上进行粒化处理。粒化，顾名思义就是指构成一个事物的基本单元，单个粒子代表不同的属性，以不同的方式和组织模式组合成不同的功能。一般来说，粒化的本质是分层次，如时间可以粒化为年、月、日、小时、分钟、秒等。①扎德教授提出了基于模糊集合的模糊粒计算模型，通过约束性概念的定义和构造，来对没有明确外延的基本粒化集合单元进行描述，如冷热、年轻人、矮个子等，为处理模糊概念和不确定的逻辑语言描述提供了有力的工具。在承认不确定的前提下，超越确定性来构建不确定知识的规律，积极找寻处理模糊关系的原理和方法，在机器定量分析和模糊定性分析的结合中建立巧妙的联系，构建一种新的粒化模型。或许理解和模拟智能还有很长的路，而意识到从基本的逻辑层面构建模糊集合无疑是最为关键的开端。目前，软计算已经发展出三种不同的粒化模型：扎德的模糊集模型、帕夫拉克（Z. Pawlak）提出的粗糙集模型，以及我国学者提出的商空间模型。②我国的张钹、张玲指出，人类智能的一个重要特点就是，可以在不同的粒度下分析同一个问题，在不同的粒度之间快速转换来进

---

① 王国胤，张清华，胡军，2007. 粒计算研究综述[J]. 智能系统学报，6：8-26.

② 钱宇华，2011. 复杂数据的粒化机理与数据建模[D]. 山西大学博士学位论文：8.

行求解。①比如，人在面对同一个事物时，往往能从事物本身的性质、事物在不同语境下的意义等不同层面去理解它，这是人类智能的一个公认特点。总之，人们总是能从不同的粒度、不同的层次去认识和把握世界，粒化既是人类智能的重要体现，也是人类认知的重要特征。

2. 智能组织结构的构建

对于人类智能如果用物理学的还原方法只能还原为大脑、小脑、下丘脑等各个器官分别的功能，用化学方法只能探寻激素的调节作用，用生物学方法只能从解剖学的角度研究各个器官的结构。显然，用纯自然科学的方法无法解开大脑的智能之谜。在哲学上还有另一种思路，笛卡儿将世界的本体分为两种，物质实体和精神实体，两者分别遵循不同的规律，无法彼此还原，人类智能只能用灵魂的精神实体来解释，与大脑的物理结构没有任何关联。从现实的角度看，无论是从科学上研究大脑的物理功能，还是从形而上学层面探寻灵魂的本质，都无助于我们从根本上理解和模拟智能。从还原主义的视角看，要模拟人类智能首先需要模拟人的大脑。从结构主义的视角看，将智能思维的结构本身看作智能的本体论基础，从而在形式上模拟智能推理的逻辑形式和组织结构，是一种极为有益的尝试。软计算的三大计算方法——模糊逻辑、神经网络、遗传算法，从基本逻辑基础、智能网络的结构基础、进化和优化三个方面构建了处理不确定问题的结构基础。

第一，模糊逻辑为处理和分析不确定问题提供了逻辑基础。传统的数学在计算上具有很强的精确性，建立在经典二值逻辑的基础上，其核心原理就是排中律：一个命题只有真和假两种状态。而在实践生活中，正如前文所述，我们面对的是一个存在巨大不确定性的世界。特别是在自然语言中，经常会出现如好人、坏人、高个子、矮个子等没有明确外延，无法精确定义的词，无法用二值逻辑来表示。而模糊逻辑使用隶属度的概念来定义某个元素与几个集合之间的相关程度，对事物之间的模糊关系进行了量化处理，从而将质分解为量，通过量化的方法去处理质的问题。这里的模糊性不能理解为不可知，而是用模糊逻辑去处理后，达到对模糊事物的精确模拟和认识。模糊逻辑的核心就是用相关程度模拟模糊关系，罗素曾指出，精确逻辑处理的是非此即彼的关系，模糊逻辑处理的是程度问题。②

关于人的思维活动，首先可以大致分为潜意识和显意识，而显意识又包括两类，意会思维和言表思维。潜意识和意会思维由于本身的离散性和封闭性，如意会和突然的灵感，经常是一闪即逝，很难被直接认识和把握。但是，在显意识层面，人类可以将自己的思想转化为语言，和其他个体进行交流，在交流和学习中进一步锻炼和增强显意识的语言表达能力，将思维固定为语言表达，使思维"实

---

① 张铃，张钹，2007. 问题求解理论及应用：商空间粒度计算理论及应用[M]. 北京：清华大学出版社.
② 伯特兰·罗素，1990. 论模糊性[J]. 杨清，吴涌涛译. 模糊系统与数学，1：16-21.

体化"，最终反过来促进了思维的不断进化。模糊逻辑试图通过对模糊语言的模拟，揭示思维表达的基本结构机制。试想如果机器完全学会了人类的语言表达，并且能和人类自如交流，那时人们就必须面对一个智能难题：如何分辨机器和人，这个机器真的有了人类智能吗？

第二，人工神经网络为模拟人脑提供了组织基础。生物的神经网络系统是一个由 $10^{11} \sim 10^{12}$ 个神经细胞构成的具有高度组织性和关联性的整体。单个的神经元通过不同的方式组成了极其复杂的神经网络，实现了诸如认知、记忆和学习等复杂的功能。在神经元之间进行连接和传递信息的部分称为突触，突触可以有多种传递信号机制如化学信号、电信号等。单个神经元上还分布着大量的轴突和树突，可以同时接收上千个突触输入的信号，不同的信号分布对神经元也产生着不同的影响。据估计大脑中的全部突触数为 3.12×10^{13} 个，平均每个神经元上就有1.5万～3万个。

人工神经网络就是借助计算机强大的运算能力，以生物神经学说的研究为基础，建立起来的一种计算模型，在信息处理上有以下特征：①并行的分布式处理的工作模式，可提高整体的运算速度；②具有极强的可塑性和自组织性，不断地修正突触的结合方式，实现不同的功能；③信息处理和信息存储相结合，系统性地处理问题；④可以处理模糊随机的信息，得到满意解而非精确解。总之，通过对大脑信息结构的模拟，人工神经网路实现了强大的处理模糊问题的能力。[①]

第三，遗传算法为模糊信息的提取和利用提供了一套非线性的解决方案。众所周知，地球上的生物都是从低级到高级，经过很长时间进化而来的。达尔文的进化论为生物发展提供了科学的解释。生物要想生存下去就必须在种群内部、不同物种及自然环境中做各种斗争。生物在基因层面通过遗传变异，一方面保持好的基因，另一方面进化出新的基因以维持种群的生存和发展。遗传算法充分借鉴了生物进化的精髓：遗传和进化，本质上是一种不需要依赖具体问题的直接搜索法。首先，将问题的初始数据编码形成不同的种群，即搜索空间；其次，用一个适应度函数模拟个体对周围环境的适应能力；最后，让程序自动运行，对搜索空间的种群进行筛选，还通过交叉和变异对种群进行优化，最终得出最优解。[②]

此后基于同样的思路，又进一步发展出了概率推理、混沌计算、粗糙集、学习理论、DNA 计算等，软计算形成了一个庞大的计算方法集合。它们的共同点在于都通过放弃精确的计算模式，引入不确定的、模糊的计算模式来解决传统计算中无法处理的实际问题，为智能组织结构的构建提供了强大的方法基础。

---

① 邓方安，周涛，徐扬，2008. 软计算方法理论及应用[M]. 北京：科学出版社：101-102.
② 刘普寅，李洪兴，2000. 软计算及其哲学内涵[J]. 自然辩证法研究，5：26-34.

3. 从单向因果推理到模糊因果推理

因果性问题作为一个最基本的哲学问题，在认识论上具有重要意义，在科学和哲学中都在不断地对其进行认识和澄清。在哲学中，对因果性的思考首先源于一个基本认识论问题：自然界的因果联系是否是普遍存在的，自然究竟是决定论还是非决定论的。一旦涉及普遍性问题，脱离具体问题的情境，我们就不可避免地陷入思辨。对此，从休谟到康德，进行了大量的哲学讨论。需要强调的是，造成问题模糊不清的原因并不在于因果性本身，而在于人们加之其上的不恰当的理解和解释。围绕因果性主要有两个人为的特征：一是认为因果律表达了某种必然的联系；二是认为因果律反映了自然规律的本质。对于一个事件"A 发生 B 也跟着发生"，哪怕经验上得到了无数次的验证，原则上依然无法保证下一次会出现，类似的哲学上的讨论已经很多，此处不再赘述。实际上，强制性和本质等拟人化的概念无助于我们得到除"A 发生 B 也跟着发生"之外的更多的东西。正如逻辑经验主义大师洪谦所言："因果性概念只意味着规律的存在，除此别无它指。科学的任务不在于讨论因果律的普遍有效性，而在于解释在实际现实世界的特定情形中，出现了怎样的秩序和规律。"[①]将因果性理解为规律，加之软计算模糊性的引入，对传统计算机的程序结构产生了重要影响。

计算机的编程组织结构是与人的认识分不开的，在硬计算思维的指导下，人们认为因果规律就是一种条件式的单向信号流动。比如，对一组输入信号，首先通过条件进行筛选，不符合的淘汰，符合的进入下一个环节，通过不断的循环计算最后得出预定的结果。就像一个闯关游戏，只有确定的符合所有条件的才能得到结果。整个过程都是人们事先设计好的，两个节点之间都用一个特定的条件来连接，反映了一种决定论式的因果联系。其特点为：将变量 X 定为因，变量 Y 定为果，箭头"→"表示因果关系。$X \rightarrow Y$ 结果要么为真，要么为假，没有别的可能，因此说硬计算的推理模式就是一种严格的单向推理。但是，在实践生活中，一方面，很难找到像数学中那样严格单向的因果关系，两个事件之间的因果关系是非常模糊的；另一方面，从系统的角度看，一个事件 Y 的发生是一系列事件 $X_1, X_2, \cdots,$ 共同作用的结果，单个的事件 X_1 不构成 Y 的原因说明。在模糊集合中，定义隶属函数 $A(x)$ 来对元素 x 和集合 A 的隶属程度进行描述，对函数 $A(x)$ 定义域中的每个元素与集合 A 的关联程度都赋予一个值，称为隶属度。若 $A(x) = 1$，则认为 x 完全属于 A；若 $A(x) = 0$，则认为 x 完全不属于 A；若 $A(x)$ 介于（0，1）之间，则 x 在程度上属于 A。同样，在两个集合之间的关系上也用模糊关系来刻画。因果关系不再是硬计算那样的决定关系，而是变成关联性，关联性的强弱可以反映

---

① 洪谦，2010. 论逻辑经验主义[M]. 北京：商务印书馆：2.

其因果关联的强弱，这样使逻辑中的排中律破缺，呈现出因果关系的模糊性。这样不仅用程度定义了某个词的模糊特性，同样也用程度定义了因果关系的模糊特性。从传统的静态的因果推理，变为动态的基于系统的整体关联。以强大的数据库为依托，建立起多维的、动态的关联，如果条件发生变化，那么关联模式随之改变，同时为机器学习提供逻辑依据。

从认识论的角度看，人类知识的来源主要有两种方式：演绎和归纳。计算机可以在现有模式下完美地演绎各种公式和计算，但是却没办法通过归纳获取新的知识。归纳法的一般三段论形式：若 $P \to Q$，已知 P，则 Q；若 $P \to Q$，已知非 Q，则非 P_1。虽然三段论在逻辑上很严谨，但是在实际使用时却非常局限，小前提很难精确地符合大前提，若小前提有偏离 P_1 则推理不能进行。扎德运用关系合成推理法（composition rule of inference，CRI），用近似的方法，通过模糊的命题推出新的模糊命题。其原理可以简述为：首先构建了一个包含所有大前提中模糊条件中前件基础变量和后件基础变量的关系，然后用一个模糊集合表述小前提，最后基于模糊关系的模糊变换推出合理的结果。①这样，通过引入模糊关系推理，大大扩展了机器的因果推理方式，为机器智能提供了更广阔的基础。

亚里士多德曾经将因果关系分为四类：质料因、形式因、动力因和目的因。前面三个都容易理解，机器也主要从这三个方面去运行和推理。最后一个目的因，很大程度上涉及人类的文化语境，带有很强的主观色彩，机器很难理解。而软计算方法将人类的语言通过模糊性进行定义，用模糊关系来推理，运用计算机强大的运算能力，让其对人类所有的语言进行情景分析，理论上可以将人类语言形式化，在一定语境下变相地给出结论，实现人机交流。

科学中的新进展总是能给我们带来很大的思维上的启发。软计算方法从世界本体的基本逻辑单元、智能组织方式的建构及新的因果关联三个方面为智能系统的构造提供了结构基础。软计算的方法与人类智能机理有很多相通之处。人工智能目前亟待解决的问题就是如何模拟右脑的模糊思维，如何处理大量无法模型化的问题。软计算正是在模糊逻辑的基础上，不断吸收各种处理模糊问题的方法，逐渐形成了包括模糊逻辑、神经网络、遗传算法、粗糙集等方法的集合。虽然这里我们无法断言终极的人工智能能否实现，但是软计算方法的发展壮大为此目标的实现给出了明确的努力方向。

---

① 张颖，刘艳秋，2002. 软计算方法[M]. 北京：科学出版社：46.

第一章
软计算的物理内核

软计算思维相对于硬计算而言，它实现了由绝对的确定性向相对的不确定性转变。事实上，从绝对性转向相对性，从确定性转向不确定性，这体现了当代科学方法论的整体进步——软计算思维所展现的不确定性并非一种立足于否定和批判的、消极的理论态度。相反，软计算的诸多算法都不约而同地贯彻了将确定性与不确定性加以关联的分析路径，这充分体现了软计算思维所倚赖的整体科学世界观背景的深刻变迁。

伴随着信息科学技术的进步及人们生活、生产的实际需要，机器的程序化方法和应用深入到了现代社会的各个方面。而在社会活动、生产过程及科学研究中逐渐涉及大量的决策、优化和控制问题，同时我们实际面临的问题也日益复杂，那种单向的、简单化的因果关联越来越难以有效地应用。历史上，基于严格计算和微积分的方法，一般只能处理参数较少和相对较为理想环境的最优化问题，在较为复杂的条件下难以抽象也无法进行有效地计算。特别是20世纪初期，集合论中罗素悖论的发现，极大地动摇了数学的逻辑基础，引发了数学的第三次危机。紧接着哥德尔不完全性定理的发现，更是从根本上否认了数学形式的严格演绎基础，数学的确定性终结。

到了20世纪60年代，模糊逻辑开始出现，打破了传统计算中对精确性的追求，开始容忍一定的不精确性，以达到计算的目的。之后，神经网络算法、遗传算法相继出现，它们构成了软计算方法集合的核心部分。后来基于同样的思路，又进一步发展出了概率推理、混沌计算、粗糙集、学习理论等，形成了一个庞大的计算方法集合。它们的共同点在于都是用语言方法代替数学方法，更多地运用语言规则而不是数学公式的计算和模型的建构。其意在通过放弃精确的计算模式，引入不确定的、模糊的计算模式来解决传统计算中无法处理的实际问题。

相对于软计算而言，传统的计算方法可以说是一种硬计算，其主要特征就是计算模式和计算结果的严格性和精确性。而软计算的目的是解决实际生活中的具体问题，采用的只是一种近似非精确的方法。它实际上是在模拟人脑的思维模式，人在面对自然界中诸多复杂的问题时，必须对随时发生的突发情况做出最快的反应，否则人的生存随时都要面临致命的威胁。因此，从某种程度上讲，为了解决实际问题，人脑的计算方法就是软计算的方法，而不是以追求精确为目的的硬计算。这也为人工智能的发展打下了基础。

第一节　从硬计算到软计算

传统科学所代表的是一种在传统科学背景下的确定性思维，这种确定性具有很大程度上的僵化性，而现代科学所代表的则是一种相对不确定性的思维，它代表着人类理性与非理性的综合考量。

一、硬计算及其特征

自然科学的发展和成熟与数学上的定量分析是分不开的。最初在古希腊时代，科学在亚里士多德那里主要是以定性的方式展开的，后来伽利略逐渐意识到科学定量化发展的必要性，否则一切科学论断都可能只是一种形而上学的陈述，没有坚实的基础。17世纪，牛顿力学体系的建立才使科学开始正式脱离形而上学，有了自己的体系和方法，数学作为科学的强大工具具有极为重要的地位。

在计算机科学中，传统计算的主要特性就是对计算过程和初始条件值进行严格控制，最终达到计算结果的确定性和精确性。在问题的求解思路上大致遵循这样一种模式：对复杂的事件进行简化抽象出规律性；接着，用数学形式化的方法对此规律进行严密的表征和描述；最后，用得出的数学公式进行编程，使程序按照严格的数学规则运行，输入初始值就能得到确定的、精确的结果，没有任何误差。在具体的计算机工程领域，这种硬计算方法的基本步骤大致可总结为以下几方面。

（1）首先要对实际的问题进行模型抽象，分辨和识别出与问题相关的变量，并将其分为两组，即需要输入的条件变量和需要输出的结果变量。

（2）运用数学模型和公式模拟运算过程，用严格的公式表示输入和输出的关系方程。

（3）输入条件变量对数值进行求解，并从整体系统上对求解过程进行严格的控制。

在很长的一段时间里，人们一直在用这种硬计算的思维来寻求精确的、严格的计算，所以必须求助于大量的数学原理，去从理论上给出最优化问题的各自求解方法。因此，硬计算的特征大致可以归结为三点。

（1）在工作原理方面，硬计算的工作都是基于数学的严格推理计算，在给定条件下可以生成精确的解。

（2）在实用性方面，硬计算只适用于较为容易进行数学模型建构问题，相对于大量的、复杂的现实问题，只能对理想条件的个别问题进行模型化求解。

（3）在操作层面，硬计算对整个计算过程都必须严格地形式化，并对每个变量都给出完全精确的说明，最后可以得到稳定的、充分的结果。

总之，相比于软计算，硬计算可被应用的充分必要条件就是被求解的问题可以充分地数学形式化。但在实践生活中存在着大量复杂的情况，根本就无法进行抽象和定义，而且由于存在大量的非线性，也无法进行数学建模。这样，首先从构建公理化体系上，哥德尔证明了严密的公理化是不可能的，再怎么严格证明的数学形式都必定有未加证明的地方。其次，从经验现实的角度看，对于一些复杂程度较高的事件，由于事件本身就不是单一因素作用的结果，各种因素交叉重叠，从原理上不可能找到确定的单一的因果关联来解释事件发生的结果。比如，癌症的发病原因，基本包含了遗传、生活习惯、个人体质状况、环境、心理状况等，基本涵盖了人生存过程中的所有要素。因此，要得出关于癌症发病的普遍原因的结论几乎是不可能的。另外，虽然确定普遍的描述无法达到，但是我们还是发现很多和癌症有极高关联度的因素。比如，统计结果表明患肺癌的人群中抽烟的比例很高，也就是说抽烟是导致肺癌的一个很重要的因素。这种关联不是绝对的，因为在患肺癌的人群中也有很多人从不抽烟，抽烟的人也有很多人从没患过肺病。在没办法获取确定的因果关联的情况下，显然这种相关性的知识对我们也是极为有益的。这样看来，有些不确定性是本质的，无论数学再怎么发展也无法描述，因此基于精确性而建立的硬计算方法，对这种不确定的问题显得无能为力，无法进一步发展。

二、软计算及其特征

软计算正是在这样的背景下于 1992 年由美国加利福尼亚大学的扎德提出来的。软计算方法包括模糊逻辑、神经网络、遗传算法，而且它们两两之间甚至三个都可以组合成为不同的形式：GA-FL、GA-NN、NN-FL、GA-FL-NN。由于每个算法都有各自的优势，通过组合可以在不同的特性下（如鲁棒性、精确可操作性、低计算复杂性等）进行协调和平衡，满足不同实际的要求。[①]

整体而言，纵观所有目前纳入到软计算方法的算法，我们可以将它们的共同

---

① PRATIHAR D K，2009. 软计算[M]. 王攀，冯帅，张坚坚译. 北京：科学出版社：2.

特征归结为以下几点。

（1）软计算不像硬计算那样对待求解的问题给出深入的数学形式，也不需要严格的模型建构，同样也不会产生严格的精确解。

（2）其主要用来处理不确定性问题。硬计算方法处理的都是较为理想的模型问题，而面对现实世界中大量存在的模糊性和不确定性，人们必须针对这种情况建构新的思路去解决问题。模糊逻辑正是为了弥补硬计算的缺陷，发展出来专门用来处理模糊问题的数学理论，并成为软计算方法的数学逻辑基础。

（3）在处理具体问题时有很大的灵活性。软计算方法完全是以应用为目的，不断地吸收其他计算方法的精髓并纳入自身的体系中。目前，软计算在处理最优化问题时，大量借鉴了其他领域的最新方法如模拟退火、随机搜索等，在实际应用中表现出了极大的灵活性。而且，不同的算法和组合可以针对不同的需求执行不同的任务。比如，模糊逻辑和模糊算法主要用来处理不确定度较高的问题；神经网络算法在机器学习和自适应系统有很大的潜力；遗传算法在执行优化任务和搜索方面有很大优势。它们之间不同的组合可以在一定程度上规避各自的缺点，发挥各自的优势，没有竞争而是互补，从而体现出很大的灵活性。

（4）借鉴生命系统的计算模型。通过构建类似于生物神经的一套人工神经网络系统，软计算能处理大量的模式识别和非线性问题，在一套复杂的模拟神经系统中处理问题。通过模拟生物的遗传变异，进化算法可以不断引入新的变量，保留较好的性状，淘汰不好的基因，从而不断地优化算法基因，达到最优化。

（5）有较强的鲁棒性和容错性。由模糊性算法构建的神经计算网络，在整个计算网络中某一个环节出错并不会影响整体，哪怕删除个别的神经单元或者去掉和更换模糊集中的一些规则，整个系统仍然能正常运行，从而拥有较高的容错性。在进化算法中，通过一些规则不断地更新基因库中的算法基因，不停地去除无用基因，保留有用基因，从而保持较高的鲁棒性。

软计算最大的作用就是给人工智能的发展提供了强大的方法基础。软计算主要进行的是语言运算，并没有涉及太多、太复杂的数学符号运算，而且在处理复杂问题时具有传统的硬计算无法比拟的优势。软计算方法作为一个庞大的开放系统，不对算法设限，一切以处理实际问题，得到满意效果为目的。它不断吸收其他领域内的优秀的计算方法，而且在其方法之间不断地交叉互补。软计算各个成员的算法都不是完美的，它们都在特定的问题上有自己的优势，同时也有各自无法克服的问题。通过其成员之间的互补交叉，在弥补彼此不足的同时发挥其各自的优势，从而在解决复杂问题时表现出强大的生命力。

三、软计算和硬计算的结合

软计算虽然可以解决很多硬计算无法解决的问题，具有很强的低计算复杂性、鲁棒性和自适应性。但是，软计算不依赖精确的数学建模将会伴随计算的精确度无法保证的问题，只能在一定的精度控制下给出一些可行的解。而传统的计算在很大程度上还是需要依赖硬计算，以便于进行精确的、无差错的控制。于是，结合软计算和硬计算的混合计算出现了。混合计算就和软计算各个方法的结合一样，由于硬计算和软计算都有自己无法克服的缺陷同时也都有各自的优势，通过结合可以发挥各自的长处，减少和消除各自的局限，从而解决一些二者都无法解决的难题。在具体的结合方面主要从两个方面进行。一方面，对于求解同一个问题，可以将问题分解为两类，一类适合用精确的数学建模进行建模，并能精确地计算；另一类无法精确建模，不能进行精确求解。这样对于可建模的部分用硬计算的方法进行求解，对于不可建模的部分用软计算的方法进行求解，最后综合给出解答。另一方面，是将硬计算和软计算结合直接来解决问题。这种结合的混合计算已经被用来解决很多工程问题。欧维斯卡（Ovaska）等对混合计算的实际应用方法进行了总结[①]，其典型应用主要有以下几方面。

（1）在对硬件器械元件的设计中，运用有限元方法（finite element methods，FEM）进行最优化设计。也就是说，这些元件本身不再像过去那样必须先确定整体机械的功能，然后逐一确定每个元件的个体功能，针对性地设计每个元件的构造。通过应用有限元方法和材料的模糊性，预先通过软计算的方法进行模糊建模，然后筛选出最优化的解。这些最优解取决于材料模糊建模的结构和尺寸。这样，通过模糊建模便可从结果中确定最优解，并找到最优解相对应的元件构造。

（2）在智能控制中，运用软计算方法，对相对复杂的条件反馈进行智能的选择。在传统智能控制系统中，必须首先预测可能发生的状况，并有针对性地设计参数，使相应的状况发生时及时将参数反馈回控制器中，控制器按照预先的设置做出反应。这种智能反馈机制可以对单因素变量进行很好的控制，但是涉及多因素变量，特别是几种突发状况同时产生，而程序预先没有对这种情况给出预设时，智能反馈系统就会失灵。这种系统只能基于固定的相对理想的环境确定增益值，因此环境状况一旦突变，系统便会失灵，造成难以预料的后果。而运用软计算的方法，预先基于神经网络优化系统对每个增益值进行动态模拟调节。在实际应用中，系统可以对反馈回的参数进行动态的计算，给出最优解来对相应的状况进行反应。

总之，通过引入软计算方法与硬计算方法相结合的方法，为以前无法处理和处理不完全的问题给出了有益的解答。当然，在求解具体问题时需要针对不同情

① OVASKA S J, DOTE Y, FURUHASHI T, et al., 1999. Fusion of soft computing and hard computing technique: a review of application [C]. Proc.of IEEE International Conference on Systems, Man and Cybernetics: 370-375.

况给出现实合理的选择。一般在遇到问题时，先尝试用硬计算的方式去进行合理的模型建构，如果条件过于繁杂而无法精确模型化再用软计算的方法或者混合计算的方法去解决。为了最优的处理问题，需运用最优的处理方式。

第二节　模　糊　逻　辑

　　现实世界充斥着大量的复杂性、不确定性，古代的人们无法理解自然的神奇力量，只能用寓言和神话来解释世界。但是，从古希腊开始，毕达哥拉斯意识到整个自然界的规律都能用数的奇妙关系进行模拟，柏拉图的理念世界为规律和本质找到了归宿，后来随着数学在自然科学中的应用推动了整个科学的发展。人们相信通过数学可以把握世界的本质关联，但是世界是复杂的，用精确的数学关系只能描述理想的单一变量的情形，现实世界中存在大量变量的相互作用，而变量之间的关系通常也是模糊不清的，无法给出量化的描述。特别是在政治、经济、社会等领域中，无法像自然科学中那样进行隔离和理想化处理，于是只能进行大量的定性描述，而无法给出一个相对量化的模拟和描述。为了对现实中的这些模糊关系进行描述，1965 年美国的扎德教授提出了模糊集的概念。打破了传统数理逻辑的（0，1）二值逻辑局限，首次用定量的方式描述现实中的模糊关系，为软计算方法及人工智能的进一步发展提供了逻辑基础。

一、模糊逻辑的发展

　　1965 年，美国的扎德教授为了对非二值的模糊概念进行处理，首先提出了模糊集合理论[①]，开创了模糊数学的先河，为模糊逻辑的发展提供了基础。后来，扎德教授进一步发展了模糊逻辑和模糊数学，提出了著名的关系合成推理法（compositional rule of inference，CRI）。模仿传统三段腊式的推理模式，用两个模糊集合分别表示：一个表示大前提包括所有模糊条件句中前件基础变量和后件基础变量之间的模糊关系，另一个用来表示小前提的模糊关系，最后用模糊变换规则来进行近似推理。在实际的控制过程中，CRI 为处理复杂的模糊问题及人工智能的推理问题提供了有力的工具，并基于此有了模糊集合、模糊逻辑、模糊推理及模糊控制等方向进一步的发展。但是，虽然模糊逻辑取得了很大的发展，其逻辑基础仍然有很大的问题。CRI 推理难以划归到严密的逻辑系统中进行推演，从

① ZADEH L A, 1965. Fuzzy sets[J]. Information Control, 8(3): 338-353.

而导致模糊逻辑存在很大的缺陷。[1]

　　1993 年 7 月，美国第十一届人工智能大会上 Elkan 博士作了《关于模糊逻辑似是而非的成功》的报告，对模糊逻辑的根本缺陷进行了深入的批判，引起了人工智能领域的强烈反响，很多问题至今仍未达成一致。这次深入的反思和讨论，揭示出了模糊逻辑本身的缺点，澄清了学者对模糊逻辑的一些错误的认识。之后，模糊逻辑、模糊推理又取得了较大的发展，并和其他算法相结合，为人工智能的发展奠定了基础。

　　模糊逻辑中的核心概念就是关于描述模糊程度的隶属函数的概念。设 X 是论域，X 上的实质函数用 $f_A(x)$ 来表示（$f_A: X \rightarrow [0, 1]$）。对于任意元素 $x \in X$，$f_A(x)$ 称为 x 对 A 的隶属度，f_A 为 x 对 A 的隶属函数。在日常语言中，我们对一些词的意义经常依赖于语境，即一个词在特定的语境中出现通常具有确定的含义。另外，当人们在描述一些事物的程度时，由于事物本身很模糊，人们也是用一些模糊的程度副词来表示，如很多、大量、一点点等。数学上无法对这种模糊的词进行处理。因此，必须对这种描述进行量化。因为同样用"很多人"来描述，但具体是 10 个人、100 个人、1000 个人显然具有很大区别。因此，为了区分这种不同的程度，并认识一种元素 x，需要用一个具体的函数值来确定。在模糊集合中不像在经典集合中说 x 要么属于 A，要么不属于 A。而是说 x 在多大程度上属于 A。$f_A(x)$ 的值便是作为元素 x 从属 A 的数学指标。如果 $f_A(x)=0$，则 x 完全不属于 A；若 $f_A(x)=1$，则 x 完全属于 A；若 $f_A(x)$ 大于 0 小于 1，则 x 在一定程度上属于 A。正是介于 0 和 1 之间的这种连续的变化取值，描述了大量程度上的信息，从而可以使我们用数学描述模糊的概念。

　　从上面分析可以看出，要想描述模糊性最核心的是必须要确定隶属函数。不同的语言描述必然涉及不同的隶属函数。例如，扎德在对"年轻"一词进行描述时，取论域 $X=[0, 200]$，隶属函数表示为[2]

$$Y(x) = \begin{cases} 1, & 0 \leqslant x \leqslant 25 \\ \left[1+\left(\dfrac{x-25}{5}\right)^2\right]^{-1}, & 25 < x \leqslant 100 \end{cases}$$

　　最后，用函数曲线表示为

① 何映思，2011. 模糊推理方法及模糊逻辑形式系统研究[D]. 西南大学博士学位论文：2-3.
② 张颖，刘艳秋，2002. 软计算方法[M]. 北京：科学出版社：16-17.

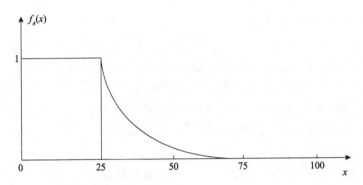

这样，用隶属函数基本刻画出了"年轻"一词的程度，符合人们的直观常识。但是，用符号表示也有一些问题。

（1）隶属函数是表示模糊性的关键，计算机对于隶属函数的选择有很强的主观性和不确定性。对于一个模糊的词，要选择隶属函数进行刻画，必须对该词的基本内涵和外延有大致的把握，这就涉及一个困扰人们很久的词的形式化难题。目前，对隶属函数的确定尚没有一种一般有效的方法，还是依赖于人们主观经验的理解，或者模糊的统计学的方法。因此，隶属函数不存在唯一确定的选择，而是完全从实用的角度来选择，而且有些问题可能找不出切实符合的隶属函数，找不出最优解。

（2）引入隶属函数虽然为描述模糊性提供了必要的工具。但是，寻找隶属函数的过程本质上还是一个形式化的过程，与传统数学建模类似。有些问题，预先无法给出完善的经验前提，隶属函数是否存在本身都是一个很大的问题。

二、模糊逻辑的物理内核

模糊性是模糊逻辑的第一个核心概念。

模糊性是相对于精确性概念提出来的，精确性概念描述的事物一般在语言上都拥有相对明确的内涵和外延。如果用逻辑符号表述时，一般都会收敛于一个特定的值，如未成年人，根据法律规定都以一个明确的年龄为界限，我国将未成年人界定为 18 周岁以下的公民。一个人只要确定年龄就明确地要么属于，要么不属于未成年人。类似的概念如国家、法定年龄、月球是地球的卫星等名词和表述，它们都有一个相对明确的界定，不存在模糊或者不确定的情况，在数学中可以用集合进行归类和描述。但是在实际生活中，这种有明确外延的概念只是很小的一部分，人们的日常语言中还存在大量的没有明确外延相对模糊的词语。例如，表示程度的词，如大量、轻微、少许、缓缓、快速、急速等；还有一些外延不清楚的词，如年轻人、老年人、高个子、矮个子等；另外一些表示抽象概念的词语，如哲学领域中的实在、认识、本体、因果关系等。这些模糊的没有明确外延的词语，在人类的语言和思维方面起到了极为重要的作用，但是用传统集合的方法只能处理明确的二值逻辑，一个元素要么属于一个集合要么不属于，不存在额外的状况。而模糊逻辑的提出就是为了对界定模糊的概念进行数学处理。那么，首先我们需要探寻世界的模糊性是如何起源的。

一方面，模糊性源于世界本身的复杂性，而复杂性通常意味着事物的关联多样性。比如天气的预测，一个地区的天气是大量因素相互作用的结果，并呈现出气压、温度、风力等各种指标的巨大差异，要理清不同因素之间的影响程度才能最后进行明确的预测。在理想条件下，控制其他因素不变，单个因素可以进行明确的关联度的研究，但是一旦和其他因素相互作用这种关联度就会被破坏，从而无法再进行精确描述。总之，正是事物多方面的复杂联系造成了最终的模糊性。

另一方面，模糊性的另一个原因在于变化，事物的发展是个动态的过程，是不断发展变化的。经典的逻辑推理必须确保真值的不变，是个静态的推理过程，无法适应变化的过程。特别是事物在量变积累的过程中，经常会表现出很大的不确定性，没办法明确地对其进行分类。比如，在青年到中年再到老年的变化过程中，随着年龄的增加，所属集合的类属才逐渐明确，最后基本完全归属于一个确定的集合。正是这种在不同的类属之间的变化在程度上的不同，也造成了事物的模糊性。

总之，我们世界中模糊性是普遍存在的，且原因和表现形式都有很大的差别。那么，如何才能将如此多样的模糊性进行归类，并用数学公式进行相对精确的量化描述呢？在此，主要将模糊性总结为两类。一类是对于概念界定模糊，外延不清晰的词语，如老人、青年之类的。这些词无法像未成年人这类词一样，以 18周岁为界，进行确切的划界。但是，20 岁到 28 岁再到 36 岁在青年人这个集合中归属程度明显不同，到了 44 岁可能就完全不属于青年人了。因此，随着年龄变化在同一个集合中本身归属程度就不同，而且还会超出范围质变为不同的集合。面对这种无法精确定义的、有较大不确定性的概念，经典的基于二值逻辑的集合论显然已经无能为力。模糊逻辑突破了这一局限，首先将二值逻辑的取值由（0，1）两个值扩展为一个介于 0 和 1 之间的闭合区间[0，1]，然后用一个隶属函数 $f(x)$表示，$f(x)$ 的取值在 0 和 1 之间。当然，目前模糊逻辑所能处理的问题还很有限，还不能处理所有的模糊问题。另一类是一种随机性的不确定性，二者有很大的区别，要对模糊性和随机性进行区分。随机性也是一种不确定性的表现，随机性伴随的是一种过程性的不确定性。比如，抛投一个硬币，我们说结果是上或者下，是随机的，是因为在抛投之前无法确定结果是什么。这里的随机性是相对于可以明确判断其结果而言的。要追溯这种随机性的由来，就在于结果对过程中诸多影响过度敏感。如果能用一个仪器进行抛投，精确计算好初始力，排除风力影响，精确设计好整个过程，那么结果便可以控制。而模糊性不同，模糊性不像随机性那样需要一个过程和结果。模糊性体现在事物本身，主要在于对事物状态描述时的语言变量。比如，一次降雪之后，究竟是大雪还是小雪，如果降雪既不特别大也不小，介于中间，这时该如何界定的问题就需要对连续的变量进行数学描述，而不是非此即彼的归类。

在描述上，模糊性和随机性有类似的地方。在描述随机事件出现的概率时，用介于 0 和 1 之间的描述，概率越大表示出现的可能性越高。同样，在描述可能性时也定义了一个隶属函数 $f_A(x)$，表示元素 x 对集合 A 的隶属程度，$f_A(x)$ 取值介于 0 和 1 之间，取值越大表示隶属程度越大。所不同的是，随机性只是对事件出现与否的一种外在的描述。而模糊性则涉及词语和概念本身的意义问题。二者都表现为一种不确定，但内在含义完全不同。

模糊推理是模糊逻辑的第二个核心概念。

人的语言本身也是一套符号系统，作为思想和交流的载体。语言通过语形、语用、语义的多方面维度表达了包括事物状态、行为、思想、观念等各个层面的意义。从某种程度上讲，人类语言的模糊性正是源于语言本身的模糊性，精确的描述通常只适用于名称的指代关系。一旦涉及思维和情感，必须用很多想象的、抽象的、模糊的词来进行描述。

人们的日常语言中涉及大量模糊性的表述。从时间名词，如上午、下午、傍晚、深夜，到形容词，如漂亮、丑陋、善良、邪恶，再到一些程度副词，如稍微、非常、很等。另外，一个词在本意的基础上经常会随着人们的使用衍生出不同的含义，一度流行的很多网络用语，如呵呵、杯具、菜鸟、安利等，都在本意或重新组合的基础上衍生出了完全不同的含义，如果对网络文化没有了解是很难理解这些词语的。

在传统的数理逻辑中，一个命题必须具有明确的含义，可以用真假进行判定。如果一个命题是同义反复的，没有实际的判断内容，或者无法给出真假判断，都是没有意义的命题。但是，实际生活中有很多用语是没有明确的真假的，却是有意义的命题，如"这里的风景真美"，美是一个主观的形容词，不同人对此有不同的标准，且无法区别真假。因为美丑不是一个真假问题，而是一个程度问题，对于这种模糊的词语，只能用模糊逻辑来进行描述。

另外，语言描述不光是单个语句的表达，还涉及句子之间的推理和逻辑关系。一般的推理由前提和结论两部分组成，前提作为推理的出发点，是一个已知的判断，而结论则是由前提推理出来的新判断。推理主要有两种方式：演绎和归纳。计算机可以在现有模式下完美地演绎各种公式和计算，但是却没办法通过归纳获取新的知识。

第三节 粗 糙 集

与模糊逻辑一样，粗糙集也是用来处理不完整、不确定信息的有效工具。只是模糊逻辑用隶属函数来对一些边界模糊的词语进行数学描述，而隶属函数的确定通常需要一定的经验基础。粗糙集用上近似和下近似精确的集合来对一个模糊的集合进行定义，相对于模糊集而言，粗糙集只对数据本身进行归类分析，不需要经验作为前提，具有一定的客观性。目前，粗糙集理论取得了很大的进展，在数据分析、智能控制、模式识别、机器学习等领域具有重要的意义，本节将对粗糙集的发展、主要内容和特征进行介绍。

一、粗糙集理论的发展

人们在对自然界进行描述和解释时，需要先对自然界的信息进行抽象和描述，而自然界的信息总是呈现出很大的含糊性和不完整性。要想对一个事物的信息进行描述，将涉及关于事物的位置、状态、数量、属性等不同层面的关系进行表示，一个事物是所有关于它自身信息的物质载体，而数据则是对该事物描述的信息载体。在传统的数理逻辑中，一个命题用命题值真和假来描述，这种二元处理的方式只能用来处理确定无疑的信息，而对模糊的信息无能为力。逻辑学家很早就开始研究模糊问题的逻辑处理，1904 年著名的逻辑学家弗雷格（G. Frege）指出，模糊性的词语，在集合中既不能划分到某一类子集上，也不能划分到该子集的补集上。那么，如何来处理这种模糊的概念？1965 年，扎德首先提出了模糊集合来对模糊的概念进行处理，在前面我们已经详细阐明了其发展和内容。但是，模糊逻辑先天依赖隶属函数，而隶属函数又需要结合所处理的问题个别的确定。总之，模糊逻辑本身没有从理论上给出普遍性的描述模糊概念的公式，也无法具体计算模糊元素的程度和数目。

1982 年，波兰数学家帕夫拉克在弗雷格模糊边界思想的启发下提出了粗糙集理论。在粗糙集理论中，将无法精确描述和归属的集合都划分到边界区域，通过上近似集和下近似集来模拟。关于上近似集和下近似集，粗糙集都给出了很确定的属性数学公式来进行唯一的描述，不像模糊集那样不同的问题需要不同的隶属函数。因此，粗糙集可以计算集合大的模糊程度，模糊元素的个数也可以计算出来。从本质上讲，粗糙集的基本思想就是对数据本身进行归纳，自动形成一定的概念和规则，通过近似对比和归类最终实现对大量看似无规则信息的知识发现。其反映了在认知过程中，从无规则、不确定的信息到有规则、确定的规律之间的转化，是一种可取的近似推理工具。

20 世纪 90 年代之后，随着网络技术的飞速发展，在数据分析和决策、机器的智能学习等领域急需对大量无规则信息的分析处理工具，而模糊逻辑和粗糙集分别在不同方面提供了处理模糊、无规则信息的工具，因此该领域取得了很大的发展。1991 年，帕夫拉克出版了他的第一本粗糙集专著《粗糙集——关于数据推理的理论》[①]，在该书中帕夫拉克对他的粗糙集理论进行了全面系统的论述，并确立了粗糙集的数学形式基础，标志着粗糙集理论的成熟，并进入全面发展的时期。1992 年关于粗糙集的论文集《智能推理——粗糙集理论的应用和发展》[②]出版，标志着粗糙集理论研究的进一步深入，全面走向应用领域。

1992 年第一届国际粗糙集专题会议在波兰召开，对粗糙集理论的基本概念和近似集合的基本思想，以及粗糙集在机器学习中的应用进行了讨论，之后每年都进行关于粗糙集理论和应用的专题研讨，世界各国都在积极开展粗糙集的研究，粗糙集成为目前人工智能领域内的基础理论，并得到了广泛的应用。

我国学者对粗糙集理论的关注相对较晚，也没有太大的发展。一直到 1998 年曾黄麟教授编著了国内第一部全面介绍粗糙集理论的专著《粗集理论及其应用》[③]，国内的粗糙集研究才开始逐渐发展。2001 年 5 月中国计算机学会人工智能与模式识别专业委员会在重庆召开了第一届中国粗糙集理论与软计算学术研讨会。目前，粗糙集理论已经成熟，并结合人工智能的发展渗透包括金融、管理、社会学、医学、工程等各个领域。

二、粗糙集理论的物理内核

粗糙集是经典二值逻辑的扩展，和模糊逻辑一样是用来表征不确定知识的重要工具。粗糙集的研究主要集中于对分类和近似的理解。我们的知识总是涉及很多概念，不同的概念之间又要进行归类。如果在一类信息中，包含着描述不清的概念，那么对该信息就无法给出准确的概念，也无法归类。粗糙集在处理这种不精确信息时，主要通过上近似和下近似的概念来进行处理。对于 U 的一个任意关系 R 和任意子集 X，定义 X 关于 R 的下近似和上近似分别为[④]：

$$R_*(X) = \left\{ x \in U \middle| [x]_R \subseteq X \right\}$$

$$R^*(X) = \left\{ x \in U \middle| [x]_R \cap X \neq \Phi \right\}$$

① PAWLAK Z, 1991. Rough set theoretical aspects of reasoning about data [M]. Dordrecht: Kluwer Academic Publishers.

② SLOWINSKI R, 1992. Intelligent decision support-handbook of applications and advances of the roush sets theory[C]. Dordrecht: Kluwer Acadermic Publishers.

③ 曾黄麟，1998. 粗集理论及其应用[M]. 重庆：重庆大学出版社.

④ 邓方安，周涛，徐扬，2008. 软计算方法理论及应用[M]. 北京：科学出版社：61.

$R_*(X)$ 称为 X 的 R 下近似集，$R^*(X)$ 称为 X 的 R 上近似集。一个集合的上近似概念表示上近似中的元素可能属于这个集合，而一个集合的下近似则表示近似元素肯定属于该集合。粗糙集理论通过近似和归类实现了对不完备信息的精确划分，其主要优点和特征包括以下几个方面。

（1）粗糙集理论不同于模糊集，虽然二者都是软计算中处理模糊信息的有力工具，但是模糊逻辑主要用隶属函数来刻画模糊的概念，而隶属函数的确立是依靠经验来估计，无法唯一客观的确立。而粗糙集不需要依赖于先验的知识，认为概念的不精确是由知识的粒度无法确切描述引起的。如果两个集合信息没法准确地进行区别，则认为这两个集合形成不可分的等价关系，通过上近似和下近似的等价关系来对事物进行分类描述。粗糙集方法针对信息本身进行归类和分析，为大量数据的处理提供了极为方便的工具。

（2）粗糙集固定的程序化的处理方式，非常适合用来处理大量的不完备的信息，它可以在保持信息核心内容的前提下对数据进行归类整理，并简化。在不同的集合类别中进行比对和归类，最后给出最简化的表达，表示出概念集合的规律信息。在具体的处理过程中，粗糙集结合已有的数据库知识，不停地参照已有数据进行分类整理，同时不断补充更新数据库，运用一系列规则进行数据处理、数据信息补充、简化数据、规则提取等，不断提取出有用的信息，降低数据的复杂程度，最终生成新的处理之后的规则。

（3）粗糙集和模糊逻辑都刻画分析信息过程中对信息特征的两个方面的认识。粗糙集侧重于分析和整理集合之间的关系，侧重于分类，对集合论域本身不做处理。而模糊集则侧重于描述论域和值之间的关联程度，并用一个隶属函数来刻画它们之间的定量关系。粗糙集合模糊集理论的相互融合和发展，弥补了彼此的不足，形成了强大的分析能力。

另外，任何理论都不可能一劳永逸地解决数据分析的全部问题，都存有自身的优点和局限，并用于处理特定的问题，粗糙集理论还存在一些问题。其主要有以下几个方面。[①]

（1）暂时还找不到一个对于连续属性离散化处理的方式，目前离散化处理方式还主要依赖于数据库及相应特定问题的背景知识，必须在一定前提下才可以进行的，无法清晰地离散化直接关系到数据的简化和归类处理，最终的规则会含糊不清甚至产生无效的归类。因此，对于归类前提的离散化数据依赖制约着粗糙集理论的进一步发展。

（2）现有的粗糙集分析方法，主要依赖于串行搜索的启发式搜索方法，只能按照一定程序化的方法去处理静态的系统。面对动态的数据，它无法相应地进行

---

① 纪滨，2007. 粗糙集理论及进展的研究[J]. 计算机技术和发展，3：69-76.

调整，必须退回到开始进行的线性推理，因此造成其效率低下，无法动态地处理和提取规则。而且，粗糙集中的判断和归类机制很单一，最后结果往往难以精确的匹配，甚至出现很大的偏差，因此必须和其他数据分析方法进行结合。

（3）粗糙集理论在进行简化处理、去除多余信息的过程中，不可避免地会忽略和删除大量的信息，而忽略的信息很可能是有用的信息、知识，这种情况在一个固定的模式下无法识别出来。而粗糙集理论往往依赖于一个相对固定的归类和识别模式，导致数据的容错性和进一步的推广能力减弱。粗糙集中的分类也只考虑了包含和非包含关系，而没有像模糊逻辑一样的程度处理，在实际操作过程中很容易使本来只适用于子集中的结论运用到包含该子集的集合中。

总之，粗糙集理论只适用于个别问题的求解，还无法精确和大量地处理大容量且经常变换的动态信息。这就需要粗糙集理论和软计算其他算法如模糊逻辑、遗传算法、神经网络等相结合，以弥补其不足，扩展其处理问题的能力。

第四节　遗 传 算 法

随着科学技术的发展和时代的进步，许多领域的实际问题，如函数优化、自动控制、图像识别、机器学习等，都需要计算机程序的参与和控制。于是，一种基于生物进化中优胜劣汰自然选择和基因遗传变异原理的优化搜索方法——遗传算法被提出来了。遗传算法将自然生物系统的重要机理运用到了工程系统、计算机系统或商业系统等人工系统的设计中，从而抽象而严谨地解释了自然界的自适应过程；它既不需要对象的特定知识，也不需要对象的搜索空间是连续可微的，只是通过在计算机上模拟生物群体的进化过程和基因遗传变异操作，达到优胜劣汰、全局寻优的目的，从而得到最优解。本节主要阐释遗传算法的产生及其原理、操作步骤和计算机实现等问题。

一、遗传算法的发展

早在 19 世纪，达尔文就提出了生物进化论，从宏观上解释了生物的进化。他认为，生物进化的本质是自然选择的结果。地球上的每一个物种从诞生开始就进入了漫长的进化过程中。该生物种群从低级、简单的类型逐步发展成为高级、复杂的类型的进化过程就是环境自然选择的过程。在这一过程中，包括同一种群内部的竞争、不同种群之间的竞争，以及生物与自然界无机环境之间的竞争。在选择过程中，生存能力强的生物个体容易存活下来，并且有较多的机会产生后代；生存能力弱的个体则被淘汰，或者产生后代的机会越来越少，直到消亡，从而优胜劣汰最终达到进化的目的。

　　而孟德尔从遗传的角度解释了生物种群中产生变异的原因和机理，奠定了环境自然选择的基础。在一系列的理论和实验中证明，遗传物质是以基因的形式排列在染色体上，并基于同源染色体而有等位基因存在。在繁殖过程中，每一组等位基因都会分离进行自由组合，每一个基因也都可能产生基因突变，在不断的繁殖过程中，一系列的基因重组和基因突变导致产生多种多样的生物个体。这样，生物种群在繁殖过程中，遗传保证了物种的繁衍，变异保证了物种对环境的适应。因此，遗传物质的遗传和变异从微观上解释了生物种群中优胜个体产生的原因，为生物种群的进化奠定了基础。

　　综合达尔文的进化论和孟德尔的遗传学说，总结出来以下几方面内容。

　　（1）不断繁殖。每个生物种群都通过不断繁殖产生后代，并在繁殖过程中遗传变异，进而导致后代的数量和性状都大大增加。

　　（2）生存竞争。生物种群的不断繁殖使后代的数量大大增加，从而对自然界中生物赖以生存的有限资源进行争夺。

　　（3）适者生存。生物个体在生存竞争中，由于对环境适应能力的差异，适者生存，不适者消亡，自然选择最终达到生物进化的目的。

　　受生物种群在自然界中生存繁衍时对自然环境优劣的自适应能力的启发，科研工作者致力于对生物各种生存特性的机理研究和行为模拟，为人工自适应系统的设计和开发崭露了冰山一角。从而，基于达尔文的进化论和孟德尔的遗传学说的思想，遗传算法应运而生，而且由于其优良的自适应能力和优化能力，在计算机模拟中取得了令人瞩目的成果。生物种群在自然界中的生存繁衍，显示出了其对自然环境优劣的自适应能力。霍兰（Holland）根据生物进化的模型提出了全局寻优的遗传算法。生物种群进化的自然选择进程中有三个核心部分，分别是遗传、变异和选择。

　　（1）遗传是指子代和亲代的相似性。遗传性是一切生物所共同的特性，它使得生物能够把它的特定性状遗传给后代。遗传是生物种群进化的基础，没有遗传性，就不会产生确定的后代，也就谈不上进化。

　　（2）变异是指子代和亲代有某些不相似的性状，即子代永远不会和亲代完全一样。变异是所有生物在遗传过程中均具有的共同特征，是生物个体之间相互区别的基础。生物的变异性为生物的进化创造了条件。

　　（3）选择是指具有精选的能力，选择决定着生物进化的方向。生物种群在自然界的生存环境中自然选择，适者生存，不适者淘汰。通过不断的自然选择，有利于生存的变异就会遗传下去，积累起来，从而达到进化的目的。

　　由上可知，遗传是基础，变异是条件，选择是进化的核心进程。变异为选择提供资料，遗传巩固和积累选择的结果，而选择则控制着变异与遗传的方向，使变异和遗传始终朝着适应环境的方向发展。因此，生物就是在遗传、变异和选择三个核心因素的综合作用过程中，不断地向前发展和进化。基于进化论的自然选择过程中展现出来的一种不断搜索和选择的优化思想，人们提出了遗传算法"优胜劣汰，适者生存"的优化原理，得到了一个在复杂空间中进行鲁棒搜索的方法，为许多传统的优化方法难以解决的优化问题提供了新的解决途径。

计算机领域中很多算法的形成都受到了自然规律的启发，而遗传算法的提出正是用计算机来模拟生物的遗传进化过程，从而进行优化和处理的计算机方法。最早从 20 世纪 40 年代开始，就有学者开始考虑仿照生物的遗传进化过程来进行计算机的优化和计算。遗传算法的概念是 1967 年由霍兰的学生巴格利（Bagley）在其博士论文中首先正式提出的，之后由霍尔德进一步完善和发展，成为完整而成熟的体系。

最早从 20 世纪 60 年代，霍兰意识到生物界的遗传、变异和进化的过程，本身就是一个不断的优化过程。在自然选择的作用下，通过种群的大量个体不断变异，不断保存适应环境的"优化"基因，淘汰掉不适应环境的"劣质"基因，最终进化出拥有极强适应能力的种群，而且这样的过程还在持续发展之中。这个过程和计算机程序的推理系统有相似的地方，计算机在进行推演时，也是在一定的规则下，不断去掉不符合条件的数据，筛选出有效的数据进行下一步的运算。所不同的是，生物的进化还涉及基因的交叉和变异，变异出的个别基因会在整个种群中快速繁殖和扩大，大大加速了优秀基因的传播和发展。而当时的计算机还只是停留在固定的编程程序，整个计算过程严格按照已有模式进行，完全是静态地进行，程序设计出来就被固定，无法动态地处理数据。霍兰和巴格利充分认识到了生物的进化过程对计算机系统的借鉴意义，并在此启发下发展出了计算机的遗传算法，使机器可以自发地进行优化和适应。

1967 年，巴格利在他的博士论文中首先发展了遗传算法的初级形式，他结合生物遗传，对整个遗传变异过程中的形式进行了数学化处理，发展出了和生物体遗传过程中对应的显性基因、倒位基因，以及复制、交叉、变异等遗传过程相对应的算子。他还最早意识到必须对整个遗传过程的不同阶段分别执行不同的选择规则，来防止出现跳跃性的早熟，并提出针对不同问题要结合不同的进化方法。他还创立了遗传算法中自适应系统的概念。

20 世纪 70 年代，霍兰出版了第一本系统研究遗传算法的专著，提出了遗传算法中一个最重要的定律——模式定律。该定律系统揭示了如何将群体中的优秀基因进行选择，并如何将优秀的基因以指数级增长，从而使遗传算法可以迅速进行优化操作，极大地提高了优化的速度和效率。

1975 年，德容（Dejong）博士在其论文中详细考察了在具体计算中如何用模式定律在大量数值中进行计算和优化，在可操作的层面确立了遗传算法的基本结构和框架，并最终得出了很多有指导意义的结论。比如，在一个 50～100 个数量的种群中，需要进行 10～20 代的进化，才能大致找到近似的最优解。他还做了大量的实验，并得出大量经验性的参数，对遗传算法在具体运算中的指标和曲线进行确定。

20 世纪 80 年代，霍兰教授首次用遗传算法设计了一套机器自主学习的分类系统，在机器学习领域开创了一个新的概念框架，大大推动了机器学习系统的发展。1989 年，戈德堡（Goldberg）教授出版了专著《遗传算法与机器学习》，对遗传算法理论的应用进行了全面而系统的总结，标志着遗传算法在人工智能学习领域的成熟，奠定了遗传算法的科学基础。

二、遗传算法的物理内核

在传统的算法结构中，计算过程和初始值都是预先给定的，通常要对全部初始值进行运算，而在遗传算法中是随机选取初始解开始计算的，然后不断对初始解的代码进行随机变异，不断对各个解进行对比。进行多代变异之后，在循环过程中不断进行"遗传"和"变异"运算（类比于生物进化中的遗传过程中产生变异），并以适值的大小对下一次循环的初值进行选择（类比于生物进化中的自然选择），最终在经过若干次的循环之后收敛于某个特定解，该解很可能就是问题的最优解或次优解。我们设 $P(t)$ 和 $C(t)$ 分别表示第 t 代的母代和子代，遗传算法的一般结构形式可描述如下：

```
begin
    t=0;
    初始化 P（t）;
    评估 P（t）;
    while 不满足终止条件 do
      begin
        P（t）经遗传运算获得 C（t）;
        评估 C（t）;
        从 P（t）和 C（t）中选择 P（t+1）;
          t=t+1;
      end
  end
```

由上可知，在遗传算法中，遗传、变异和选择三步走是必不可少的。遗传即复制，也称为繁殖，复制是循环的根本，没有循环就没有搜索过程；变异是在复制过程中必然发生的，可以是交叉运算产生的变异，也可以是其中某个算符个体的变异，变异为可能存在的最优解提供了广阔的搜索空间；选择则是通过与目标函数比较进行适值计算，为搜索确立了方向。

首先是复制。复制相当于生物种群在繁殖过程中配子的产生，那么首先根据适值函数确定初始解中每个个体的权重（类比于生物种群中每种基因型的比例），由于每个个体所占的权重不同，权重大的产生的配子数量就较多，权重小的产生的配子数量就较少，这样就会产生大量的配子，完成初始解的自我复制。

其次是变异。变异可以是交叉运算产生的变异，也可以是其中某个算符个体的变异。变异就相当于生物种群在繁殖过程中配子的自由组合形成新的个体，即在上述复制中，产生的配子进行某部分的自由交叉交换（类比于生物种群繁殖过程中的配子结合），进而形成与初始解等量的下一代解。此外，产生下一代解的过程中还会伴随着极小概率（相当于生物种群繁殖过程中发生的基因突变）的个体变异，进一步扩展了下一代解的多样性，为最优解的搜索提供了广阔的空间。

最后是选择。它是搜索的核心，没有选择就不会产生最优解。选择就相当于生物种群在自然环境中繁衍时的自然选择，对应于具有适应环境性状的个体产生配子概率高，在该算法中，我们根据目标函数的适值给予初始解中的个体不同的权重，使其在复制中就始终伴随着选择，每一次复制都是在给定的方向下进行有方向选择性的复制，保证了最优解的搜索。

遗传算法的基本原理就是借鉴生物进化过程中的“优胜劣汰，适者生存”，它将种群的编码类比做生物携带遗传性状的基因，然后不断变换代码的值，最后对生成的值进行验证，按照目标适值函数在初始解的复制和变异中对各个体进行筛选，从而使得适值高的个体被保留下来，组成下一代解，下一代解在包含上一代解大量信息的同时，引入了新的优于上一代的个体，在经过若干代的繁衍之后，群体中各个体逐步接近最优解，最终收敛于最优解。由于遗传算法独特的计算机理，与常规的优化算法相比，不需要对搜索空间进行限制性的假设（如连续、可微及单峰等），也不需要要求目标函数连续光滑及可微等，仅仅是通过对参数空间编码进行随机选择作为工具来引导搜索过程，不需要对初始参数进行全部搜索，因此效率得到很大提高。同传统优化算法相比，遗传算法的特点可总结为以下几个方面。

（1）遗传算法并不对初始参数本身进行操作，而是对参数编码的二进制数进行操作。这样就大大简化了搜索空间，提高了效率。而且，遗传算法还可以进行多点并行计算，从而避免了在单个点的操作陷入局域解。

（2）遗传算法还巧妙地引入了概率搜索技术。单纯的确定性的方法，往往只能单一的从一个点到另一个点，这样就限制了搜索进行的范围。遗传算法将变异算子和一种自我调节的概率搜索相结合,整个计算过程都可以用概率灵活地调节，通过引入这种不确定性，大大加速了计算的效率和速度。

（3）在遗传算法中只对参数进行比对和筛选，不引入积分、微分、梯度等运算过程。由于求导和求微分的计算往往对连续性有很高的要求，而遗传算法作为一种离散分析的方法，通过浮动的概率进行运算，避开了求导过程，计算过程大大简化，从而提高了计算效率。

第五节 人工神经网络

人工神经网络，是一种模拟人类大脑神经结构系统的计算机算法。人工神经网络的最大特点就是，将信号的传导系统设计成如大脑神经一样的多连通结构，信号在通道中没有预先设定固定的流程，可以根据不同的需要，在局部单元内处理，从而可以并行地、分布式地进行计算和处理。每个单元都可以在局部进行处理和操作，单个的处理单元可以输出为多个并行的分支单元，这些分支单元可以同时处理一个相同的信号。分支信号的大小保持不变，不会因多个分支而衰减，而且每个单元的处理必须是局部的，不考虑其他单元和整体，只是根据单元的输入信号和单元内部的生成值进行计算。本节将对神经网络的生物学基础、神经网络的发展及神经网络的基本特征进行介绍。

一、人工神经网络的发展

20 世纪 40 年代，神经学和大脑解剖学取得了很大发展，人们发现大脑神经结构是一个巨大的网络。1943 年，美国著名神经学家麦克洛克（Mcculloch）首先意识到计算机对信号的处理方式和人的神经系统处理信号的方式有类似之处，可以用计算机的方法模拟和研究人类的神经网络。于是，他与逻辑学家皮茨（Pitts）合作提出了神经元阈值模型（MP 模型）。[①]在计算机上模拟大脑中神经网络的运行模式，设置一些结点，在结点之间设置不同的联结，建构了一个简单的神经模型。这种结构可以在结点之间同时生成多个联结，拥有并行计算的能力，为后续神经网络计算的发展提供了基础。1949 年，神经学家赫布（Hebb）出版了《组织行为学》一书，书中提出了赫布规则，他指出可以通过不同的突触变化连接模式，实现模拟神经网络。[②]

到了 20 世纪 60 年代，美国人工智能专家明斯基（M. Minsky）提出，遗传算法为人工智能的实现提供了可靠基础，并获得了美国军方的大量投资。他对感知器的基本问题进行了研究，认为感知器模式下简单的神经网络有很大局限，不能

---

① MCCULLOCH W S, PITTS W, 1943. A logical calculus of the ideas immanent in nervous activity[J]. Bulletin of Mathematical Biophysics, 5(4): 135-137.

② HEBB D O, 1949. The organization of behavior[M]. New York: Wiley: 197.

实现逻辑函数问题，也不能实现谓词函数。不过他提出增加神经网络的处理维度，增加连接可以提高处理速度，由于明斯基对感知器的认识有很多错误之处，沿着他的思路神经网络的发展几乎停滞。美国科学家西门（Simon）发表专门的论著对明斯基的感知器模型大加批判，人们突然间对神经网络的发展前景非常悲观，关于神经网络的研究几乎全部中断，神经网络的发展陷入低潮。对此还有另外一个客观的因素，就是 20 世纪 60 年代微电子和集成电路等计算机硬件快速发展，计算机的处理能力和运算速度得到全面提高，运用传统的编程方法已经可以满足大部分要求。因此，人们认为在这样的发展速度下，人工智能可以基于传统算法而实现，不需要引入当时看来复杂而低效的新算法。

尽管神经网络的发展陷入了低潮，仍然有一些学者继续探讨和发展神经网络，提出了自组织映射、认知网络等模型，为后续的发展提供了基础。到 20 世纪 80 年代，计算机硬件发展带来的速度提升已经不再明显，传统线性的算法理论在处理感知、思维、智能控制等非线性问题时能力严重不足，于是人们开始重新思考人工智能的发展方向，具有并行处理能力非线性的神经网络模型又开始进入人们的视野。1982 年，美国生物物理学家霍普菲尔德（J. Hopfield）发展和完善了自组织映射模型，阐明了其特性，通过引入能量函数，全面提高了神经网络计算的稳定性，并解决了著名的旅行商问题（TPS 问题）。同年，美国计算机专家马尔（Marr），在视觉信息的计算问题上，结合神经网络的最新研究，对整个视觉神经的信息加工过程进行了深入的描述，从理论、算法和硬件角度对视觉神经的计算模拟给出了阐述。他出版的《视觉》一书，极大地推动了神经网络在处理感觉信号问题上的发展。[1]

1987 年，首届国际神经网络大会在圣地亚哥举行，同时成立了专门的学会和刊物，这也标志着神经网络算法走向成熟。我国的神经网络研究起步较晚，1990 年来自我国各地的八个计算机学会在北京联合举办了中国首届神经网络会议，我国的神经网络研究逐渐和世界接轨。

20 多年来，神经网络被运用到了很多方面，在信号处理、模式识别及人工智能领域都得到了广泛应用。这也是软计算方法（包括上文提到的模糊逻辑、粗糙集、遗传算法等）的共同特征。软计算方法的相互融合和发展，给机器智能领域注入了强大的活力，提供了坚实的方法论基础。

二、人工神经网络的物理内核

生物的神经系统是由大量的神经细胞及大量连接构成的庞大的组织集合。人

---

① MARR D, 1982. Vision[M]. San Francisco: W.H.Freeman: 79.

类大脑的神经细胞有 $10^{11} \sim 10^{13}$ 个，一个神经细胞称为一个神经元，它是神经系统的基本细胞单元，能独立地处理信息。大脑通过大量的神经细胞和连接可以组合成极为复杂的网络，并实现高度复杂的智能，使之具有认识、学习及记忆的高级功能。神经细胞个体具有相对独立的功能，且每个神经细胞都有细胞核和原生质膜。人工神经网络的基础就是在此认识的基础上建立的。

另外，在神经细胞之间的信息传递是由突触来完成的。突触上有很多分支与神经细胞相连，一方面可以从不同的神经细胞接收信息，另一方面还可以将信息传递到不同的神经细胞。不过，从不同的突触分支传递的信号的强度和时间不同，对神经元的影响也是不同的。那么，不同的信号传入经过无数的神经元和突触处理和传播之后，便形成了极为复杂的混合形式。这就需要所有的神经元在一定的模式下，有条不紊地进行分工和整合，最终转化成确定的形式，在大脑意识中生成特定的感觉、情绪和思想，然后将大脑的处理结果转化为行为，指导人的行动。研究表明，这么复杂的处理过程，仅仅通过线性的简单叠加是不可能实现的，而是一个并行的、多层次的、有条理的、复杂的动态处理过程。在对一个新的信号进行处理时，往往会经历一个相对复杂的处理过程，经过多次的适应，大脑的处理过程就会被记忆成特定的模式，以后一旦遇到类似情形就能不经过思考，下意识的做出反应。当然，人脑的某些固定的处理模式，是可以遗传和先天习得的，如人的膝跳反射、眨眼反射等。

一个神经细胞主要由细胞体、轴突和树突组成。树突是神经细胞接收信息的主要接收器，其形状类似于很多树枝状的突起。轴突主要用来输出细胞体的信息，其形状类似于一条管状的纤维组织。前一个细胞的轴突分出很多末梢和后一个细胞的树突相连形成突触结构，前一个细胞的信息经过轴突末梢传导至突触，再传到后面的神经元。突触传导主要有两种机制，电学传导和化学传导。突触的连接不是固定的，而是动态的、可塑的。当外界的刺激信号传到大脑之后，突触会相应地做出反应，重新塑造自身的连接状态。其变化可以归纳为以下两个方面。

（1）突触数目和触底效率的变化。受外界复杂环境和细胞本身生命周期等因素的影响，细胞数目会发生相应的变化，这一变化会影响到神经元之间的传递效率。但突触传递效率的变化与受到的影响因素相比就更为复杂。突触的数量和表面积的变化会影响到相应传递物质的数量和质量，从而影响到效率的变化。

（2）突触间隙的变化和突触的发芽。神经元被破坏或者突触间间隙的变化都会导致突触表面长出新芽。这种形状变化使得神经细胞之间形成新的连接模式，其传递效率也会发生改变。

以上从微观的角度分析了大脑中信息传递的特点，但是从宏观上看，人脑是一个信息处理系统，从信息处理系统的观点看，人脑的智能有如下特征。

（1）并行处理的基本模式。单个计算神经元的处理速度很慢，效率很低，功能也比较单一，比计算机的单个电子门的处理速度低很多。但是，面对一个复杂的过程时，神经系统却可以在短时间内做出有效的反应。其原理在于神经网络不是在单向的、线性的处理信息，而是采用多个层次的并行模式。这种模式下的计算速度一般在几百毫秒。因为在整个处理过程中，视觉、记忆、操控行为等神经系统的主要功能是同时进行的。例如，人可以在一瞬间识别出熟悉人的面孔，而计算机处理的话起码目前还无法达到一般人的准确率。如果计算机来识别的话就是将这种识别过程单一的进行分解，如去分析一个人脸上各个器官的特征，进行比对最后得出结论。显然，人在识别时不是这样的，人对熟悉的面孔无法精确描述各个细节，人可以完全无意识地去识别一个人，从整体上把握，而不需要任何具体的分析，可见人脑的并行处理速度是多么得惊人。

（2）神经系统的自组织性和可塑性表现为两个方面。一方面，随着人年龄的增长，神经系统会不断增长，且生长速率和不同年龄阶段有关。在遗传和先天因素的作用下，神经系统会自发地形成一个基本的结构，以适应不同的环境维持基本的生存需要。另一方面，除去先天的因素，人的神经系统在后天习得上具有极强的可塑性。比如，人们生活中学习的各种语言、技能，甚至一些令人称奇的记忆达人、杂技艺人，他们非凡的技艺都是后天习得的。从生理学角度讲，在一定的重复刺激下，突触的自组织形成一个最佳的反应。通过不断训练，突触会形成并强化这种结合。最后，形成下意识的团体反应。

（3）神经系统是一个综合系统。人的大脑在处理信息时涉及信息的存储，信息的处理，对各种模糊信息的选择和删除，整个过程是一套极为复杂的系统性工程，目前任何计算机都无法做到。大脑如何在如此多维度、多层次的过程和信息中，有条不紊地处理，还是一个亟待研究的问题。但神经网络系统为这种复杂的处理过程提供了物质基础。因此，神经网络的研究和应用对人工智能有重要意义。

神经网络的发展与人工智能的发展紧密相关。目前，计算机系统都是在冯·诺依曼计算的思路下发展起来的。冯·诺依曼对智能的理解完全是一种固体的、模式化的处理。对于一个特定的问题，首先，根据问题分析其特征，并建立与之相关的数学模型；然后，整编一个模型，并将初始的数据资料生成与之匹配的形式；最后，在程序控制下执行整个过程。总之，从整个计算过程来看，冯·诺依曼计算按照已编制好的程序来进行运算，严格按照逻辑程序进行。先天依赖于模型和编程，被动执行，无法进行主动学习和适应。冯·诺依曼在数值和逻辑运算中速度极快，而在模糊性的理解方面表现得很低能，其原因就在于逻辑运算只涉及一个层面的运算，没有交叉。语言理解涉及大量的、多层次的相互作用，需协调处理。人工智能试图通过对人神经网络的模拟构建一种可自适应的神经系统算法。人工神经网络的核心特点在于整个神经网络是一个非线性的计算方法，没有固定的程序设定，信号在大量的神经细胞单元中进行运算，在大量的运算中对不完整的、混杂的信息中分析找出其中的规律和模式。总之，人工神经网络作为一种模拟生物功能的计算方式，从人类已掌握的关于大脑神经网络的运行机制入手，先设置类似于突触的神经细胞单元，然后用密集的网络将这些单元连接起来，建立庞大的连接，在神经元之间形成广泛的联系。用这种庞大的网络连接去实现一些不同于传统计算的功能。

　　当然，神经网络计算作为软计算方法集合中的一种算法，可以解决很多特定的问题。但是，目前人类对大脑的运行机制了解得还很少，大脑的神经机构可能仅仅是大脑功能的一个方面，还有很多我们不知道的原理和机制。因此，神经网络能实现的计算也是很局限的，仅能处理个别的问题。神经网络不过是在对大脑已知结构的基础上，模拟神经元的连接结构模式，设计的一种计算机算法，并不是人造大脑，要想完全模拟生物的神经还有很长的路要走。不过，目前运用神经网络算法确实在一些较为简单的层面，模拟出了学习、应急反应、自组织等功能，初步具有了大脑的一些功能，而不只是简单的在程序指令下执行一个预定命令。总之，和其他算法相比，神经网络具有非线性的运算方式、较强的适应性和学习能力，以及较高的容错性和鲁棒性。

第二章

软计算：确定性的争辩

软计算作为一种思维方法，它在很大程度上表现出了一种不确定性的特征，这种不确定性特征，一方面对于以确定性思维为主要方法论策略的传统科学研究形成了一种极大的挑战；另一方面在软计算领域之外的人们则感到困惑，在打破了传统既有的确定性思维之后，这种新的方法论转向能够给科学、社会乃至于人类思维本身的发展带来哪些影响？

对于上述问题，我们有必要回顾一下人类科学的整体发展历程，从中我们不难发现答案。众所周知，科学的蓬勃兴起和发展首先是从西方起源的，自从 16 世纪文艺复兴运动以后，科学理性的思维开始大规模的扩张，从 18 世纪到 19 世纪，自然科学的发展如日中天。到 19 世纪末和 20 世纪初的时候，由科学理性的膨胀所带来的科学主义理念已经如同血液一样渗透到了西方社会躯体的各个层面当中。科学在这个时候成了一种迷信，一种关于确定性的迷信。人们相信，借助于科学的力量，全部的宇宙、社会、自然都可以为我所用、为我所控，这种基于确定性思维的科学信念弥漫到了无以复加的程度。由此，对于其他一切科学实验、科学事实中所出现的不确定性的反例，人们完全选择了无视和否定。

问题在于，20 世纪初，在物理学、数学、逻辑学等各种不同的具体科学领域，一种崭新的质疑开始出现，如物理学中关于量子力学测不准原理的讨论、数学中关于数学基础合法性的争论、逻辑学中关于逻辑悖论的争议，这些不同的问题显示了科学不确定性思维的初步酝酿和产生。基于这种质疑，科学家和哲学家开始思考问题出现的根源。许多人认为，现代科学主义的基础就是一种确定性的思维，而这种确定性的思维过于绝对和狭隘，它限制了人类理性向其他领域的可延伸性和可拓展性。例如，科学与人文的界限划分、理性与非理性的交错影响、逻辑与非逻辑的互补共生。上述这些方面，实际上最后使得我们导向了一个根本的问题，那就是这个世界到底是确定的，还是不确定的，抑或是两者的结合？显然，20 世纪后期以来，科学、技术和社会的发展最终给出了一个相对完满的答案，那就是：确定性隐含于不确定性之中，不确定性之中也包含了确定性，二者你中有我，我中有你，相互作用和影响，最终创造了丰富多彩的世界事态。因此，从这个意义上来说，软计算作为一种由数学领域发源，而最终扩展到多学科领域应用的一种重要的研究方法，它本身就较好地印证了传统狭隘的确定性思维在面临挑战与威胁的情况下所探索的一种变通和转折。

本章主要在系统分析软计算这种全新计算方法的基础上从理性与非理性、主观性与客观性、一元论与二元论方面阐述其哲学内涵。其主要分为以下三节内容。

第一节"软计算的理性与非理性"。理性主要指基于传统纯数学推理基础上的运算，主要目的是得出精确的解，这是计算的基础。而非理性主要指基于传统纯数学推理基础上加入的诸如情感、意志、环境等因素。软计算之所以可以得到更好地运用就在于考虑到了实际生活中存在的非理性因素，所以说软计算是理性与非理性的结合。

第二节"软计算的客观性与主观性"。该节从主观与客观的角度对软计算的哲学内涵做了更深层次的分析和思考。首先，从客观角度指出软计算作为新型的数学优化计算方法同样建立在客观性的基础之上，软计算中的每一种计算方法如模糊逻辑、粗糙集等计算方法都是基于客观事实和客观数据，在此基础上运用计算模型得出最优化的结果；其次，从主观角度指出软计算中的每一种计算方法都带有人的主观性，这一主观性不仅是辅助软计算中计算结果的得出，如粗糙集、情感计算、文化计算中许多计算模型关键部分的得出往往是根据研究者的个人经验及文化倾向。同时，在实际计算的过程中主观性因素也是必不可少的。所以，软计算是客观性与主观性的结合。

第三节"软计算的一元论与多元论"。该节主要从应用型角度来考量软计算的哲学内涵。软计算的提出者扎德教授指出，软计算成员之间不是互相竞争而是互相补充的关系。从软计算近几年的发展来看，软计算成员之间根据实际情况的融合运用可以更好地解决不确定性问题。所以，软计算在计算过程中既可以运用一元计算方法，也可以运用多元计算方法，软计算是一元论与多元论的结合。

最后，总结近几十年来软计算研究的变化和进展，展望我国及国际软计算研究未来发展的热点，对软计算研究的哲学内涵及发展趋势全面探索。软计算之所以获得迅猛发展正因为其在传统数理推理的基础上融入了非理性、主观性等因素，同时注重计算方式之间的融合运用。从科学哲学的角度探讨软计算的哲学内涵，既填补了国内对这一研究领域的空白，也是学术领域的创新。

第一节 软计算的理性与非理性

软计算的确定性在思维层面上更多地体现为一种人类特有的理性能力，而软计算的不确定性更多地体现为一种非理性能力，软计算的理性与非理性特征与软计算的确定性和不确定性特征并不完全等同，然而上述两组特征之间却存在着千丝万缕的联系。我们知道，软计算主要是相对于传统计算（即硬计算）而言的，因为传统计算完全建立在纯数学推理的基础之上，其目的是产生精确的解；而软计算则是与人脑相对应，其目的是开发和利用那些不精确、不确定和部分真实数据，以更好地解决实际生活中存在的诸多不确定性问题。软计算在计算过程中保留了传统计算中的理性因素，计算模型及计算结果的得出都是建立在理性思维的基础上；同时，软计算也是对传统计算的突破，软计算的每一种计算方式在理性思维的基础上也融入了情感、信念、意志、主观愿望等非理性因素。所以说，软计算是理性与非理性的结合。

一、软计算中的理性因素

软计算作为一种计算方法，理性思维是其计算的基本要素。从哲学层面上讲，理性是指人们在认识事物本质和规律时所运用的合乎逻辑的抽象性思维，主要表现为推理、判断等，同时也是人区别于动物的最主要标志。例如，西方哲学第一人泰勒斯在提出"水是万物的本原"这一哲学原理时就充分运用了理性思维。可以说，古希腊哲学家正是运用理性思维开创了系统化的西方哲学体系，之后理性哲学也一直是西方哲学的主流思想。理性不仅在哲学发展过程中起着不可忽视的作用，在科学的发现、发展及优化过程中的作用同样不可忽视，人类理性及通过理性所得出的科学知识是解决问题最有效的方法。软计算作为一种新型的计算方法，正是建立在理性基础之上并运用理性思维不断发展壮大，这表现在以下几方面内容。

首先，硬计算具有强烈的理性主义色彩，软计算作为硬计算的发展方法也继承了其数学推理、精确计算等理性因素。其中，模糊计算、粗糙集及遗传算法是软计算中提出较早、发展成熟并极具代表性的算法，同时也是软计算中理性因素的具体表现。

作为软计算成员之一的模糊计算的提出主要是为了解决人工系统中存在的模糊性问题。其计算特点是用数学计算分析模糊的系统信息，主要运用传统经典定量分析方法，是精确世界和模糊世界的桥梁，这体现出了软计算的理性特征。

由此可以得出，在软计算的计算过程中理性思维是其主要特征，而数理逻辑运算方法则是其理性思维的重要表现。"我们所知道的自然界及其秩序和规律，正是我们的心灵进行吸收和整理的产物，正是我们创造了关于宇宙的知识。"①科学发现就是理性活动，软计算的提出和应用正是研究者运用理性思维的结果。

遗传算法经过近几十年的发展，已逐渐成为现代数学优化方法的重要组成部分。遗传算法主要是对参数的编码进行操作，通过目标函数来设定最优解。因此，对问题本身的依赖性较小，而对数据的分析能力则较强。遗传算法中常用的如变异、复制等概念均源于由生物学遗传特征而来的遗传算子，其显然具有数理逻辑层面上的理性特征。

再如，粗糙集作为软计算中处理不确定性问题的工具，其主要原理是基于集合数据间的不可分辨性思想，通过已有的数据，经过属性约简和属性值约简等一系列数据操作生成规则，从而得出数据间的联系，识别出新的数据。这一优化过程不需要任何先验信息，对数据的分析完全是理性的。

由以上案例可以看出，软计算的每一成员都具有理性特征，理性思维是软计算提出和不断发展的基础。

其次，对真理的不断追求同样是理性思维的重要表现。软计算自提出到现在的不断进步和壮大，以及软计算中各个成员计算方式的不断优化，正是研究者运用理性思维从实用性角度考量的结果。这些研究者放弃之前只追求逻辑严密和精确计算的硬计算，而选择和发展能够更好地解决实际问题的软计算。

科学理论的发展是一个渐进的过程，从硬计算到软计算也是人们认识转变的过程，同时软计算的提出也与科学发展的历史过程相对应。因此，只有不断增强科学理论的解谜能力才能更好地促进科学发展——软计算与硬计算相比在实际中的应用范围更广，解决问题的能力更强，所以它是一种更加完善的数学优化理论。早在软计算提出之前，库恩在《科学革命的结构》一书中就提出了科学理论理性选择的标准，即精确性、一致性、广泛性、简单性和富有成果性。按照库恩的这五个标准，软计算在理性的分析计算方面有着传统计算无法比拟的优越性，并可以获得更为广泛的应用。同时，软计算虽然在计算过程中加入了人的情感、意志和主观想象等非理性因素，但这些因素都是对理性的补充，它们并不会动摇理性思维在软计算中的决定性作用。正如政治、权利等社会因素虽然在科学体系的形成过程中起着重要作用，但这并不代表科学知识是随意构造的，它丝毫都不奉承观察者的心愿或愿望。人对世界的影响并非决定性的，也不是全面的，而只是影响世界在某些方面的变化。

科学的发展是一个不断纠错的动态过程，软计算作为一种科学的计算方法

---

① SEISING R, SANZ V, 2012. Soft computing in humanities and social sciences[J]. Studies in Fuzziness and Soft Computing, 273: 1-5.

自提出以来便处于一个不断纠错的发展过程之中。不同科学家所提出的不同的计算模型正是运用理性在不断纠错的过程中才更加准确、完善。以模拟退火算法为例，模拟退火算法作为软计算中应用较为广泛的一类算法，其关键在于对控制参数的终值确定，即对模拟退火停止准则的确定。最初，Nahar 等提出用事先确定好的 Markov 链的个数或迭代次数作为停止准则。但这一算法最终解的质量与目标函数的相对误差较大。之后，一些研究者把渐进收敛性引入模拟退火算法当中，控制参数的终值，随着参数 t 值的逐渐减小而缓慢进行。这一方法虽然取得了巨大进步，但只有当 t 值足够小时才可以得到高质量的最终解。这一弊端使得研究者必须另辟蹊径，在模拟退火进程中，可以得到一些近似解作为控制参数终值的标准。目前，应用较为广泛的是，根据当前解的质量是否得到显著的连续性的提高作为终值 t 的标准。在这一过程中，同时出现了兼顾 CPU 算法和最终解质量的算法。模拟退火算法发展至今虽然还存在一些弊端，但一直处于不断优化的过程当中。由此可以看出，真理虽然是客观的，但我们并不能获得绝对真理而只能不断接近真理，科学的目标并不是发现绝对真理。软计算的计算目的并不是得出唯一的、绝对的计算方法，而是在实践过程中不断得出最优化的方法。

最后，随着软计算近年来的迅猛发展，软计算各个成员之间依据实际情况的融合运用也是软计算理性特征的表现，体现了理性内部普遍联系和相互融合的特性。正如扎德在创立软计算这一概念时就明确提出："软计算内部的各种方法之间在求解问题的过程中是相互协作的……这将最终会形成一种综合的智能系统。"[1] 以软计算中的粗糙集方法为例，粗糙集的提出主要是为了运用数学方法解决一些实际生活中存在的不确定性问题。其特点在于对于论域的划分只根据数据本身，保证了计算结果最大程度上的客观性、合理性，并且逐渐与软计算中的其他计算方法不断取长补短以使计算结果更加接近真理。例如，粗糙集和模糊集之间的取长补短形成了模糊粗糙集及粗糙模糊集；粗糙集和证据理论虽然研究方法不同，但证据理论中的信任函数和似然函数可以与粗糙集理论中的上近似集、下近似集相融合，这是工程应用中的重要突破。由此可以得出，软计算中各个成员之间依据实际情况的相互融合，正是运用理性思维的结果。

科学并不是静止不变的，而是处于一个动态的历史发展过程，由硬计算到软计算的发展就是科学方法历史的、动态的转变。就软计算而言，它既不是纯粹理性的传统计算，更不是完全非理性的计算，而更倾向于理性主义的科学历史主义。在科学发现的过程中既包括逻辑推理，同样也包括科学家固有的经验事实和产生这种理论的历史背景。同时，科学家在通过观察获得新知识之后要对原有的信息

---

① ZADEH L A, 1994. Fuzzy logic, neural networks, and soft computing[J]. Communication of ACM, 37(3): 77-84.

进行修正，科学在此基础上才可以不断进步，软计算的提出和发展也是对原有理论不断修正的过程，是具有理性性质的。

二、软计算中的非理性因素

非理性是与理性相联系、相对应的一组范畴，主要是指除理性之外的情感、欲望、意志、信仰等，人的主观意识、愿望、直觉、灵感从认识论角度来讲也属于非理性范畴。非理性在哲学上主要是指不自觉的、与理性思考相对应的一种心理形式，非理性主义建立在对理性主义批判的基础上，是对理性的反思。软计算作为一种新型的计算方法，其主要特点是在计算模型的提出和建立过程中加入人的情感、主观感觉和经验等非理性因素。同时，软计算本身存在的随机性、不确定性也是非理性的重要表现。所以，非理性同样是软计算重要的哲学特征。

首先，软计算与硬计算的主要区别是在纯数学推理的基础上融入了一些人的主观经验、个人情感等非理性的因素。神经计算、进化计算、粗糙集、情感计算作为软计算成员中极具代表性的计算方法，都在理性的基础上融入了一些非理性因素。

以软计算中应用广泛的模糊集理论为例，模糊集主要研究同一类中不同对象间的隶属关系，但是隶属关系的确定需要模型提出者的经验、情感、意志等非理性因素。确定模糊集的隶属函数这一关键步骤主要是利用科学家的知识背景和经验，是人脑认知的反映。这显然不是根据逻辑推理所得出的结论，也不能解释得出结论的原因，不同的科学家由于个人因素不同会给出不同的模型，而且不同模型之间往往存在竞争，这也正是模糊计算中非理性因素的主要表现。"作为一种方法论，模糊集理论将不精确性和非理性融合进入了模型构造和问题求解的过程中。"[①]例如，模糊集中决定输出变量的两类方法：预先设定法和根据输入/输出样本设定法。这两类设定法都融入了研究者的个人经验和情感因素，不同研究者所得出的结果会存在一些差异。由此可以得出，模糊集理论的计算过程体现了软计算中的非理性因素。同样，在神经网络中关于神经元激活函数的选取也取决于研究者的个人喜好；在遗传算法中对于编码的选择及遗传算子的取舍同样取决于科学家自身的教育和经历，是不能通过传统逻辑推理所得出的。证据理论中信任函数和似然函数的产生往往依赖于提出者的个人经验。所以说，软计算中的非理性体现在各个算法之中。

从科学史的发展过程来看，科学家个人的直觉和情感在理论的选择过程中起着重要的作用，科学家进行理论选择的理由与科学家特有的经历和个性有关，甚

① KAHRAMAN C, 2006. Fuzzy application in industrial engineering[M]. Berlin: Springer-Verlag: 1.

至创新者的国籍、他们已有的声望及他们的导师有时也能起到重要的作用。还有一种考虑可以使科学家改变原有的理论，其要点是个人的美感或适宜感，新理论比旧理论更精巧或更具美感——非理性的考虑有时却是决定性的。由此可以得出，不同科学家所持科学理论及个人经历不同，但有一点不容置疑，那就是非理性因素在软计算中的作用。所以说，非理性是软计算重要的哲学特征。

其次，软计算并不是纯粹的逻辑推理计算，在计算过程中需考虑实际因素的不确定性，不确定性也是软计算中非理性的主要表现。例如，软计算中的情感计算主要是把情感因素融入计算方法之中，文化基因计算则是把人类文化作为得出计算结果的因素。而情感和文化本身就是不确定因素，这是软计算中因实际因素融入非理性的重要表现。

从哲学层面上讲，情感是人对客观存在的一种特殊反映形式，也是人对于客观事物是否符合人的需要而产生的个体体验。明斯基作为人工智能的奠基人，他在《心智社会》一书中指出问题的关键并不在于智能机器是否具有情感而在于没有情感的机器如何称为智能，明斯基认为智能机器本身就应该包含情感因素。之后，皮卡德（Picood）在《情感计算》一书中首次提出"情感计算"一词，情感计算主要是指由情感引发，与情感有关或能够影响情感因素的计算。情感计算的目的在于赋予计算机理解和表达人类情感的能力，把计算延伸至人的内心世界，使计算结果更全面，应用也更加人性化。

情感计算作为软计算中把实际不确定因素融入逻辑推理的重要表现，就是要使非理性的情感因素加入到逻辑计算当中，包括情感的主观体验和情感的外部表现，并用情感作为辅助手段帮助人工智能解决实际的计算问题。随着脑科学和神经科学的进一步发展，人类对情感有了更全面的认识。纽约大学的一项研究表明，即使没有理性的参与情感也可以触发行为。而同时期的另一项发现则表明，如果人类大脑中的情感通道受损，人类智力和认知能力不会降低但决策能力却会严重受损，所以在决策中情感因素必不可少甚至在某些情况下比理性本身更为重要。由此可以得出，在科学理论的发现过程中科学家的情感、灵感、顿悟等非理性因素起着不可忽视的作用。每一个科学发现的过程都包含着非理性的因素。科学理论的得出依靠的既不是已被质疑的归纳，更不是没有可靠第一原则的演绎，而是来自科学工作者突如其来的灵感，但这种灵感是非理性的，具有不可预测性。科学家正是通过这些灵感对理论进行猜想和反驳，进而促进了科学的发展。软计算正是在传统计算的基础上加入非理性因素，不仅解决了许多实际生活中的不确定性问题，更在此基础上促进了科学的发展，它是计算史上的重大突破。

最后，软计算提出的大背景是人际交往中的自然语言，而人类自然语言的主要特征就是模糊性、不确定性。要想在这一大背景中解决实际问题，就必须对这些模糊性、不确定性进行考量。软计算之所以可以更好地解决这些不确定性问题就是考虑到了自然语言中本身存在的一些非理性因素。因为在日常生活中不只是语言在传递信息，人的情感、民族文化等因素也能传递一些信息。任何微妙的情感变化都可能对科学发现产生重大影响，这就要求计算机不应该只是计算客观数据，更应该赋予计算机感知人类情感的能力，把人类感受也计算进去。在理性重构的过程中，情感因素、文化因素对科学发现产生了重大影响并在科学实践中发挥着积极作用。由此可以看出，只有把诸如人类情感之类的非理性因素加入到传统计算之中才能最大限度地保证计算的真实性、可靠性。虽然软计算中存在许多非理性因素，甚至是在一些关键步骤中融入非理性，但这并不能降低软计算的实际作用。相反，正是这些因素的加入才使得软计算的应用更加广泛，可以解决传统计算所无法解决的不确定性问题，同时也肯定了非理性在科学发现和科学证明中的积极作用。

三、软计算是理性与非理性的结合

事实上，对理性与非理性区别对待并且进行严格划分只是人的思维中的理想状态。在现实生活中，理性和非理性是无法完全割裂开的，人们在思维过程中往往会不自觉地同时运用到理性和非理性，它们共同构成了人的主观世界的全部内容。理性主义是西方哲学发展的基础和根基，而非理性主义则是对理性主义的挑战和补充。从科学哲学的发展历程来看，无论是早期的逻辑经验主义，还是之后的历史主义、后现代主义，其发展的客观脉络都是从简单性、纯粹理性到复杂性、理性与非理性相融合的过程。而近几十年发展起来的软计算就是将理性与非理性结合起来的重要运用。

软计算作为许多计算方法的集合，在传统理性的基础上每一部分都融入了非理性因素，软计算是理性与非理性的结合。计算机之父图灵认为，一项没有道德的技术失之粗野，而没有技术支持的道德则只能流于空谈。粗野在于只信奉纯粹理性的力量会抑制人的非理性发展，空谈则在于脱离社会实际条件人的理性思维的发展就会陷入封闭与抽象。这并不是单纯的道德呼吁，而是提示着人类理性与非理性的必然联系，在科技与人文社会矛盾日益凸显的今天，由于脱离理性与非理性的关系，过分强调理性的作用，忽视人的情感、文化、信仰等非理性因素必然导致荒谬。人的存在、认识及实践活动无不处在理性与非理性的关系之中。软计算正是对传统计算的突破，在计算问题越来越复杂的环境下，仅仅依靠传统逻辑计算已经不可能，软计算中不仅包含传统计算中的理性因素，并在此基础上融入了许多非理性因素，是理性与非理性的结合，也是解决科学技术困境的一种新方法。

一方面，软计算作为许多计算方法的集合，每一种计算方法都是理性与非理性的结合。例如，粗糙集的理论基础是从近似空间导出一对近似算子。目前，研究者主要用构造化方法和公理化方法来定义这些近似集，但这两种方法的侧重点是不同的。构造化方法探讨的往往是实际生活中存在的问题，所以研究者建立的模型往往更注重实用价值而无法深刻体现近似集的代数性质，并大量融入了研究者的个人情感及价值取向，具有非理性因素。而公理化方法则主要研究近似集的代数性质，是纯理性推理。由此可以得出，粗糙集作为软计算中的典型算法正是理性与非理性的结合。

同样，文化基因算法是软计算中发展较新的一种算法，是建立在模拟文化进化基础上的一种优化算法。文化基因算法中的初始种群的选择和产生是随机的，研究者往往会利用优化问题的先验知识加入一些自己所认为的优秀个体。一些研究人员同时也会根据实际生活中所遇到的具体问题研究出新的优化算子，或者采取不同的结合方式，如与模拟退火、禁忌搜索等相结合。不同的结合方式同样是研究者个人经验、意志的体现。同时，文化基因算法建立在遗传进化论的基础上，体现了数理逻辑的理性思维方法，所以是理性与非理性的结合。

在科学的发展过程中，理性与非理性之间有一种"必要的张力"，在现实生活中，每一个科学发明或发现不可能只有纯粹的理性因素，科学家个人的情感、意志等非理性因素往往也包含在科学发现的过程中。理论本身就具有价值负载，当人们的科学知识还不能解释所有的科学疑问时便会受到宗教、政治、心理等因素的影响从而改变信息背景。可以说，科学的绝对理性只是一种不切实际的臆想。科学既不是完全理性也不是完全非理性，而是理性与非理性的结合，软计算作为一种科学的计算方法同样是理性与非理性的结合。

另一方面，软计算作为人思维方式的产物其本身就是理性与非理性的结合，是理性与非理性相互作用的产物。人的认识就其本质而言是理性的，但人有社会性，会受到一系列非理性因素的影响。可以说，对于人的认识而言，非理性可以起到一定的调节和补充作用，直觉、情感作为非理性的重要表现形式，在很大程度上促进了理性认识的发展，许多著名的科学发现就是从直觉开始的。例如，元素周期表的发现者门捷列夫曾经从多个方面研究过元素及其化合物的各种联系，但都不得要领。真正发现元素周期律的想法来自门捷列夫一次毫不相干的灵感，即原子按原子量系统化的原则排列。正是这一天才的灵感促使了元素周期表的发现。其实，理性和非理性共同构成了人类精神实体的全部内容，二者缺一不可。从软计算近几十年的发展过程来看，之所以能获得如此快的发展和如此广泛应用的主要原因在于结合了理性与非理性的双重因素。

总之，理性与非理性的结合是软计算重要的哲学内涵。同时，软计算也正是因为在传统计算的基础上融入了非理性因素才可以更好地解决实际生活中存在的不确定性问题。但目前尚没有建立起一套完整的关于软计算的理论体系，软计算还处于发展时期，其理论主要包括模糊逻辑、遗传算法、神经网络、混沌理论、概率推理等。软计算已经在工程和非工程领域得到了广泛的应用并为人工智能提供了新的发展思路。由于软计算既继承了传统计算中的理性因素，同时又加入了许多非理性因素，可以应对现实世界的复杂性，通过对不确定性、不精确性及近似表征等技术将多种智能信息处理方法有机地结合在一起，互相取长补短，在解决实际工程问题中发挥着重要作用。从科学哲学的角度探索软计算的哲学内涵，可以得出软计算正是由于融合了理性和非理性的双重因素才可以获得迅猛发展，同时也弥补了软计算研究领域的空白。

第二节　软计算的客观性与主观性

软计算的确定性特征更多的是与人们通常所理解的客观实在性相互关联的，而软计算的不确定性特征则往往是与主观性存在着联系。其原因在于，人们一般认为，客观性的东西总是确定的、不可改变和动摇的，而主观性的东西则很多时候是可变的、容易发生变化的、不确定的。智能信息处理是当前信息理论与应用中的一个热点领域，计算机科学技术的发展尤其是计算机网络的发展为人们提供了大量的信息，使得对信息分析工具的要求也越来越高。当前，软计算的发展处于非常重要的时期，作为一种最新的数学优化方法，软计算的提出建立在客观数据及客观事实的基础之上，基于客观存在进行计算运作。但是，在客观存在的基础上充分考虑到了现实存在的主观因素。可以说，软计算在计算模型的得出过程中融合了客观性和主观性。

一、软计算中的客观性因素

从哲学上讲，客观性有多层含义，客观性既可以表述某一科学主张的性质，也可以表示科学研究者应该秉持的研究程序或精神面貌。海伦·朗基诺将客观性分为两个层面，其一是指"与真理和科学理论所指的特征相关，也就是科学实在论所探讨的问题"，其二则是指某种"研究类型"。[①]"客观性"一词源于拉丁文 obiective，与 subjective 相对应，最早是由中世纪经院哲学家奥康姆和司各脱引入的。但客观性最初是指在人的意识方面呈现的事物，真正的客体是上帝心智中的观念；主观性则是指自然事物本身，与现在的理解正好相反。在经院哲学之后的哲学家如笛卡儿、贝克莱等的著作中仍然可以看出这种使用的痕迹。但是，直到

---

① GRASNOW S L, 2003. Can science be objective? [M]. New Brunswick: Rutgers University Press: 133.

康德之前的哲学家都很少使用这两个词，正是康德对"客观性""主观性"进行了颠覆性的创造。康德认为，客观性并不是对象的独立存在而是一个认识论概念，指的是经验的先天有效性。在康德之后，主客观概念发生了根本性的转变。

软计算是从硬计算发展而来的一种新型数学计算方法，但软计算并不是对硬计算的全盘否定，而是对硬计算的继承和发展。硬计算完全建立在客观事实及客观数据的基础之上，同样软计算作为一种计算方法，必须依靠和尊重客观事实，并建立在客观性的基础之上。从哲学层面上讲，客观性主要指科学知识对自然的反映，是科学知识的基本属性。而软计算作为科学知识的重要组成部分，同样以客观性为计算基础。同时，客观性也常常与理性结合在一起，主要体现了以科学实验为主的科学探索的标准化方法，因为理论的选择应该既是客观的，也是理性的。同时，客观性往往与科学普遍性联系在一起，一种学说无论是科学的还是非科学的，都应该尽量忽略提出者的国籍、社会背景、宗教信仰等主观因素。客观性作为软计算的基本属性，主要表现在以下几个方面。

首先，软计算作为多种计算方法的集合，它的每一种计算方法均建立在客观性的基础之上。软计算继承和发展了硬计算中的客观性因素，软计算中计算模型的提出及计算原理均以客观条件和客观数据为准则。

粗糙集理论作为软计算中发展较早的计算方法，是处理不精确、不确定及不完全数据的新型数学工具。粗糙集理论与其他处理不确定和不精确问题理论的最显著的区别是它无须提供问题所需处理的数据集合之外的任何先验信息，所以对问题的不确定性的描述或处理具有较大客观性。即使对于缺少先验知识，并带有不精确、不确定、含有噪声的数据，也能够在保持分类能力不变的情况下，通过属性的简约，得出概念的分类规则。该理论的提出借鉴了逻辑学、哲学中关于不精确、模糊等概念的定义。在描绘知识表达系统中，不同属性的重要性及在知识表达空间的简化方面具有优势，其不利之处在于处理病态数据方面显得无能为力。目前，主要在模式识别、决策分析、近似推理、机器学习、过程控制及知识发现等领域获得了广泛应用。

模糊系统主要用于处理人工系统计算中存在的模糊性问题，主要是用数学分析计算方法处理实际生活中大量存在的不确定性问题。这一计算特征集中体现了软计算中的客观性特征。

再如，遗传算法是进化计算的重要组成部分，主要依据生物进化过程中优胜劣汰的原理进行计算，依托于客观数据及客观事实。

由此可以得出，软计算是建立在硬计算的基础之上，且软计算作为科学知识的重要组成部分，应当且必须以客观性为研究和发展的基础。

其次，减少或尽量消除偶然性因素同样是软计算客观性的重要表现。从这方面来讲，客观性往往被认为可以最大化地认识所追求事物的性质，使人们抛除主观经验的无私利性和无偏见性，主要用于消除知识中的偶然因素。

客观性作为自然界的一面镜子，借助它可以消除偶然性因素。"客观性并不对应着客体，而是与其他主体达成一致，除了相互间的主观性之外，并不存在什么客观的东西。"[①]客观性并不是自然产生的，但它却要消除世俗的偏见，没有经过科学共同体长期、严格的训练与控制，科学研究者就无法具备客观的能力。通常来讲，科学研究的客观性往往需要理性思维的支持，但绝对客观性的结果之一，便是科学研究者所处的社会文化背景被同化或消失。所以，软计算在计算过程中虽以客观性为基础，但并不是完全的客观性，只是最大限度地减少实际计算中存在的偶然性因素。

以粗糙集理论为例，粗糙集最初的原型来自比较简单的信息模型，它的基本思想是通过关系数据库分类归纳形成概念和规则，通过等价关系的分类及分类对于目标的近似实现知识发现。粗糙集理论与应用的核心基础是从近似空间导出的一对近似算子，即上近似算子和下近似算子（又称上近似集、下近似集），也可看做用这两种形式来描述粗糙集，一个是从集合的观点来进行，另一个是从算子的观点来进行。那么，从不同观点且采用不同的研究方法就可得到粗糙集的各种扩展模型。粗糙集扩展模型的得出就是为了最大化减少实际运算中存在的偶然性因素，从而增加计算的客观性和真实性。

软计算中不同计算方法之间的融合运用同样体现了软计算的客观性特征。这一融合运用同样最大限度地降低了实际计算过程中的偶然性。粗糙集利用等价关系将集合中的元素进行分类，生成集合的某种划分，与等价关系相对应，根据等价关系的性质，同一分组中的元素是不可辨的，这样对信息的处理就可以在等价类上进行。经典粗糙集理论的基本思想是基于等价关系的粒化与近似的数据分析方法。目前，在粗糙集理论中主要用两种研究方法来定义近似算子：构造化方法和公理化方法。构造化方法的主要思路就是通过直接使用二元关系的概念来定义粗糙集的近似算子，从而导出粗糙集代数系统 $(2^U, I, U, \sim, \text{apr}, \overline{\text{apr}})$。构造化方法所研究的问题往往来源实际，所建立的模型有很强的应用价值，其主要缺点是不易深刻体现近似算子的公理（代数）性质。所以，也有许多学者从公理化的角度来研究粗糙集。这个理论未能包含处理不精确或不确定原始数据的机制，所以这个理论与概率论、模糊数学和证据理论等其他处理不确定或不精确问题的理论有很强的互补性。因此，研究粗糙集理论和其他理论的关系及其他理论之间的融合运用也是软计算理论研究的重点之一。

最后，软计算的客观性因素是由科学客观性的特点所决定的，客观性是科学

---

① RORTY R, 1988. Truth and progress: philosophical papers[M]. Princeton: Princeton University Press: 71-72.

研究的基础。科学建立的基础材料应该是客观的，并且在证实或证伪的过程中保持其客观性。主体间要具有可理解性，重要的科学陈述可以相互表达，尽量降低语言的歧义；科学的客观性应不依赖于观察者个人的立场和状态，且科学陈述可以通过一定方法检验其正确性。但是，科学方法的正确与否不能依赖检验方法，而应该确立科学的公理化方法进行检验。同时，科学的客观性应该由科学的方法而不是道德标准来保证。但同时，科学客观性应该包含社会文化因素及社会的发展过程；科学客观性与社会文化的发展密不可分，处于一个变化的过程，所以科学客观性不可避免地包含主观性。

由上所述可以得出，软计算作为硬计算的进一步发展，建立在客观性的基础之上，并且以客观性为标准进一步发展壮大。

二、软计算中的主观性因素

主观性主要指除客观性之外的，人脑思维特征在数学实验上的反映。库恩的名著《科学革命的结构》打开了科学外史的大门。之后，内史和外史成为科学研究的主要线路。但客观性并不是总与科学真理相伴随，需要实践的检验，且过分从理性的角度强调客观性，会导致认知主体社会性的消失。美国社会学家皮克林在其主编的《作为实践和文化的科学》一书中，提出了实践冲撞理论，即作为主体的人与作为客体的外部世界处于永无止境的运动之中。只有把主体的人及主体性思维融入实际计算模型中才能更好地解决不确定性问题。软计算正是在硬计算的基础上融入了主观性因素，使之符合科学发展的历程和趋势，所以在近几十年不断发展壮大。

首先，软计算与硬计算的主要区别之一，便是在硬计算的基础上和实际计算中需要考虑主观因素。客观性并不是一种统计学上的平均，其主要目的更不是绝对消除主观因素的影响，忽视认知主体的力量。过分强调科学研究的理性原则，主张消除或最大程度减少影响科学家观念的社会、经济等主观因素。这一极端思想往往会导致认知主体文化背景的同化或消失，把人变为一种没有主观思维的机器。而过分强调社会建构中的认知主体性，脱离科学实践去考察认识过程则会导致认识论的相对主义。

软计算中的神经网络主要是进行故障诊断，解决自学习和知识获取的难题，但当样本数量多、空间分布复杂时，神经网络的训练便难以收敛。在这种情况下，便要与主体性思维相结合，体现出神经网络的主观性思维。

人工神经网络是20世纪兴起的一门非线性科学，同样也是软计算中的新型计算方法。其原理主要是模拟人脑的一些非线性特征，融合主观性思维并利用非线性映射和并行处理办法，最后达到能用网络的特定结构来表达。

扎德于1965年创立了模糊集理论，模糊集理论是研究信息系统中知识不完全、不确定问题的重要方法，在许多方面都有成功的应用。模糊理论是建立集合的子集边缘的病态定义模型，而隶属函数多数是凭经验给出的，带有明显的主观性。正是这一主观性特征使得模糊集理论在实际应用中获得了无可比拟的优越性。

主观性是与客观性相关的术语。从本体论上讲，主观性是一种存在方式，即事物借助于主体正在被感知或经验而存在的存在方式。从认识论上讲，一种知识主张，如果决定它的真值需要对该知识主张具有第一人称观点的人给予优先权，那么它就是主观的。可是，如果这种优先权代表的是与客观事实无关的个人的意见、偏见和专断的偏爱，那么对优先权的要求就是无理的。在这种意义上，如果一个理论或判断是主观的，它就阻碍了真理和确实性的达成，就应该与其他形式的偏好、专断和偏见一起被抛弃。另外，主观性的优先权不需要限于个人的经验，它也许能够受到作为历史和文化的存在的个人或特定的教育和训练的结果所负载的视角而得到辩护。然而，确定如何对待个人的和社会文化的眼界，社会预设道德的、宗教的和审美的态度是困难的。过分强调它们将导致相对主义或极端的主观主义，而消除它们又是不可能的。

由此可以得出，软计算中的每一组成部分均在硬计算客观性的基础上融入了主观性因素，具有主观性的哲学特征。

其次，逻辑思维作为在人脑的产物，不可避免地会受到人的主观思维的影响。软计算中许多关键模型的选择就是人的主观思维的体现。在科学追求和科学创造的过程中有主观性的介入："科学作为一种现存的东西，是人们所知道的最客观的，同人无关的东西。但是，科学作为一种尚在制定中的，作为一种被追求的目的却同人类其他事业一样，是主观的。"[1]受心理状态制约的主观性渗入科学的原因很多。一般而言，在诸多世纪，我们受国籍、社会等级、传统、宗教、语言、教育、习惯、我们的经验及你能够想到的每一种影响的制约，使我们对问题的反应受到制约。当然，对科学问题的反应也或多或少会受到这些因素的制约。

以软计算中的模糊集理论为例，模糊集中模糊概念是没有明确外延的，根据普通集合论的要求，一个对象对应一个集合，要么属于，要么不属于，二者必居其一，通常用隶属函数表示模糊概念。而隶属函数的选择和确定往往根据研究者的个人经验等，带有明显的主观性特征。

粗糙集理论是经典理论的推广，它认为元素总是以一定程度属于某个集合，也可能以不同程度属于几个集合。它研究的是一种不确定性现象，这种不确定性是由事物之间差异的中间过渡性所引起的划分上的不确定性，是事物本身固有的，

---

① 爱因斯坦，1976. 爱因斯坦文集(第一卷) [M]. 许良英，范岱年译. 北京：商务印书馆：298.

它摆脱了经典数学的二元性，使得概念的外延具有一种模糊性。从逻辑思维角度证明了主观性存在的必要性。

最后，软计算的主观性与其计算特征及作为科学知识是密不可分的。总体而言，硬计算以产生精确的解为主要特征。而软计算的主要特征则表现在以下几个方面。①可以处理现实世界中存在的大量的不确定性问题，现实世界中充斥着大量随机性、模糊性和不确定性问题，而这些问题用硬计算无法得到解决。②模拟自然界中生物进化及人脑运作进程。例如，人工神经网络是受生物神经元网络的启发而出现等。③处理问题的灵活性，软计算包含了来源不同领域的最优化方法，而这些方法往往不需要目标函数的梯度向量，因而在处理问题时有较大的灵活性。④有较高的容错性，如神经元网络和模糊推理系统，在这些计算方法中去掉某一条规则，并不会破坏整个系统。

软计算作为科学知识，不可避免地具有主观性。其主观属性来自科学的人类维度、人性维度、社会维度、方法维度和认识维度。科学认识具有主观性的原因在于：首先，我们不可能把认识主体和被认识的客体严格区分开；其次，感知并不是完全由客体强加的，而是包含主体选择和建构的主动过程；再次，我们不知道或原则上无法知道事物本身（物自体），科学具有某种主观虚构的成分；最后，作为客观性根基的主体间比较并非完全可能。

科学或科学理论不可能是纯粹客观的，这种主观性或主观因素甚至在科学中是不可消除的或不可消灭的，在某种意义上，也许是科学固有的属性。不过，科学客观性在科学中居于主导地位，占据绝对优势，所以科学才以客观性的面目出现，主观性往往被有意或无意地略而不视。但是，科学的主观性是客观存在的，或者说它是一种客观存在。它既体现在科学的探究活动和社会建制中，也渗透在科学理论的结构中。与此同时，要认清和利用主观性在科学中的积极作用，充分发挥科学家的主观能动性，激发他们的想象力和创造性，以推动科学向广度和深度进军，甚至可以把科学的主观性作为某种契机和黏合剂，促进科学文化和人文文化的融合和汇流。

软计算具有人类维度的主观属性，这种主观性是由人类这一物种的属性决定的。软计算作为人的科学，不用说也会打上无法消除的人的主观性的印记。休谟指出："显然，一切科学或多或少地与人的本性有关；它们中的任何一个无论从它跑开多么远，还会到一段或另一段返回。甚至数学、自然哲学和自然宗教，在某种程度上也依赖于人的科学；由于它们处在人的组织之下，并借助它们的功能和官能来判断。"[①]

除此之外，软计算还具有人性维度的主观属性，在这个主观属性的维度中，

---

① CHALMERS A, 1990. Science and it's fabrication[M]. Minnesota: University of Minnesota Press: 12-13.

我们所谓的人性，不是指作为一个物种或人种的本性，而是指个人或科学家的人的本性的方面，特别是他们的正常的感情和偏好等。马奥尼指出，科学家在履行他的职业角色时是主观的——他往往是明显易动感情的。波普尔、爱因斯坦都强调，情感在科学探究中确实会发挥作用。诺贝尔奖获得者沃森在《双螺旋》一书中，描述了科学研究中的许多私人的和主观的方面，说明科学家是有感情的动物。科学的社会维度的主观属性是指：在社会维度中，价值和文化因素甚至包括语言都起着特别重要的作用，表现在它们对科学家的科学动机、问题选择、背景预设、概念框架建构、理论评价等诸方面的影响上。因此，在我们最客观的观察中，也总有主体的成分侵入。

由此可以得出，无论从软计算自身的计算模式还是从人类的逻辑思维角度及纵观整个科学的特性来说，主观性均是软计算重要的哲学特征。

三、软计算是客观性与主观性的结合

客观性与主观性是相对应的一组范畴，二者是相辅相成、缺一不可的。客观性与主观性的完全对立、互不相关只存在于理论之中。在现实生活中，客观性与主观性往往相伴随着存在，两者具有统一性。软计算作为依托于实际生活的数学优化计算方法，必然是客观性与主观性的结合。

首先，软计算中每一种计算方法都是客观性与主观性的结合，而科学理论本身就是客观性与主观性的结合。软计算作为人类的精神成果，是以客观存在事实和人类思维为对象而构成的关于世界的知识，是人们力图在更深的层次上把握自我与世界的产物。

软计算中的每一个组成部分，如模糊集、粗糙集、遗传算法、情感计算、文化计算等均是在客观性的基础上融入了主观性因素，是客观性与主观性相结合的产物。从建构主义角度出发，科学实践具有社会建构性，但并不能因此而忽略科学的客观性。"如果没有科学的客观维度，任何人都不能声称对科学进行分析"[①]，从建构主义角度来思考科学，仅仅意味着我们可以从许多不同的角度参与科学活动，对科学知识产生影响。同时，离开人类的力量我们便无从理解科学，甚至不可能有科学的存在，人类的力量也不能决定科学实践的结果。所以，对科学的认识应当是客观性与主观性的结合。

其次，把主观现象融入计算当中也是计算方法符合实际需求的革新。客观性与主观性的区分只存在于理论层面，因为它们都脱离了科学实践去考察知识。而在实际生活中，人们接受了一个理论，这个理论就变成了真理，并不是因为这个

---

① ANDREW P, 1995. The mangle of practice: time, agency and science[M]. Chicago: The University of Chicago Press: 195.

理论本身是真理。客观真理无法脱离人的主观意识。科学工作也包含了研究者文字性的解释及关于科学理论的争论。科学理论往往与科学家的社会地位、政治观点密不可分"客观性并不仅仅对应着客体，而是与其他主体达成一致，客观性与主观性相互对应"[1]。

在软计算的实际计算过程中，情感计算加入了人的情感因素；文化计算融入了研究者的社会文化背景、政治、宗教信仰等主观因素，软计算的这些计算方法都证明了其为客观性与主观性的结合。科学本身并不是完全客观性的，完全的客观性必须排除观察者，而科学是离不开观察者的。科学理论本来就具有客观性和主观性的要素。纯粹的客观性表明科学理论只涉及客观的对象，而没有主体人的参与；纯粹的主观性表明科学理论只涉及主观的建构，而没有客观的实在；无论哪一种都将科学理论引向了极端。获得科学知识的过程存在着无法避免的复杂性，这使得科学纯粹的客观性变为空洞的幻想。我们使用的概念不是被装入实在的内部，更确切地说，概念是人的发明。科学概念并不仅是像客体照片一样的概念的心理图像，而是描述我们观察和处理世界所得出观念理论结构的一部分。事实上，无论是维特根斯坦提出的生活形式理论，还是胡塞尔的生活世界理论，抑或是海德格尔提出的人本主义解释学，都表明人的主观能动性在科学与哲学建构中具有重要的意义。

最后，主观与客观相结合是由认识论自身的特点所决定的。皮克林在《实践的冲撞：时间、力量与科学》一书中指出，一方面，如果没有科学的客观维度，任何人都不能对科学进行分析；另一方面，离开人类的力量，我们便无法理解科学实践，但人类的力量并不能改变科学的实践结果。

在科学的客观性与主观性之间存在一种必要的张力。科学本身应该具有客观性，但这并不意味着科学家仅仅是消极的被动的观察者而已。科学家应该运用自身的主观能动性及综合能力对客观事实进行诠释和创造。可以说，主观性是进行科学发现和创造的必要条件。正如在当今科学领域中，专家经验及科学研究者自身的技能已经成为科学研究当中不可或缺的因素。科学包含了主观性但并不意味着这些主观性可以否认科学本体论及认识论意义上的客观性。科学理论并不是凭空设计出来的，没有客观实在的自然界就不可能产生科学理论。因为科学理论必须具有普遍性和不以人的意志为转移的绝对性。对自然规律应坚持一种温和的客观性解释。

从认识过程本身来说，认识并不是由主体内部预先决定，因为认识源于不断的建构；同样，认识也不是由客体本身的特性所预先决定的，因为客体只有通过这些内部结构才能被认识，这些结构还可以在客体之间进行结合使之扩散

① Rorty R, 1988. Truth and progress: philosophical papers[M]. Princeton: Princeton University Press: 71-72.

到更广的范围。科学是外部世界和内部思考相互作用的产物，是人类思维符合外部世界规律的产物，二者同等重要。我们所认为的科学的客观性，并不意味着科学家的理论始终是正确的，正如软计算自提出以来也进行了不断的修正和完善。同时，科学研究者作为单独的个体，他们同样具有人的情感、人的弱点等。设想科学研究者运用理智完全摆脱了人的情感无疑是完全错误的，错误的理论对于科学发展而言同样是必不可少的。科学研究不能摆脱它所处的时代，科学研究者作为社会中的人，必须在特定的科学共同体中工作，并不是毫不相干的"局外人"。凯勒指出，科学既非"自然之镜"，亦非"文化之镜"，而是自然和文化相互作用的结果。

再者，就科学哲学客观性的发展而言，逻辑实证主义认为客观性是指科学知识对自然的反映，作为一种客观真理的假说就可以比竞争对手的理论获得更有力的证明，即客观性真理更加接近自然真理。逻辑实证主义在此基础上把客观性分为几个层次：①科学知识的客观性；②科学方法的客观性，而软计算着重于体现这一客观性特点；③科学进步的客观性，即科学进步的标准是可以在更广的范围内符合自然事实并且更加接近真理，软计算同时也符合这一客观性标准。由此可以看出，客观性之所以出现复杂、多义、混乱的局面，也在于客观性和主观性是相互依赖而存在的，客观性是相对于主观性而言的，它本身就包含着主观性。科学研究者主观经验是与自然客观性相互作用、密不可分的。

费耶阿本德指出："某一观点或理论是客观的，也就是声明不论人类的期望、思想、态度和愿望是什么，它都是有效的。这是当今科学家和知识分子著书立说的一个基本观点。然而，客观的思想比科学要早并与之无关。当一个国家、部落或文明通过身体和心理上的规则确定其生活方式时，它就出现了。当具有不同客观思想的不同文化碰撞在一起时，它变得更明显。"①

总之，软计算是客观性与主观性的结合，这一哲学特征使得软计算在实际应用过程中发挥出了巨大的作用。

第三节　软计算的一元论与多元论

如前文所述，软计算的确定性特征通常是以关于世界本体的客观性理解作为支撑的，而这种客观性被很多人认为是本体论意义上的一种一元论——一元论意味着世界、事物的统一性、稳定性，而多元论则意味着世界、事物的可变性、不确定性。由此可见，从哲学的一元论和多元论出发来展开对于软计算的确定性和

---

① 费耶阿本德，2002. 告别理性[M]. 陈建等译. 南京：江苏人民出版社：4-6.

不确定性的讨论，是非常有必要的。事实上，软计算的一元论与多元论主要着眼于软计算在实际生活中的应用。软计算在提出之初，主要是对软计算中某一种计算方法的应用，体现了软计算的一元论因素。之后，随着软计算的进一步发展及在实际应用中的需求，软计算中的各个组成部分逐渐相互取长补短地解决实际问题，体现了软计算的多元论特征。由此可以得出，软计算本身的计算方法体现出软计算是一元论与多元论的结合。一元论与多元论的结合是软计算基本的方法论特征。

一、软计算中的一元论

元最初指的是世界的本原。泰勒斯的水本原说、阿那克西曼德的无定说、阿那克西米尼气的本原说、赫拉克利特的火本原说、毕达哥拉斯的数、巴门尼德的存在及亚里士多德的实体学说都是最初的本体论方法的一元论思想。软计算最初的发展方向便是一元论。

扎德指出，软计算提出的目的在于对不精确或不完全真实数据的驾驭，具有较高的鲁棒性，并且可以极大地降低运算成本。软计算中的每一个组成部分在实际应用中各有侧重、优劣，根据不同情况采取不同的计算方法正体现了软计算中的一元论特征。

第一，模糊集的一元论特征。模糊集是处理模糊信息的有效方法，模糊集自提出以来得到了广泛的应用，目前主要应用于决策分析、自动控制等领域。在模糊逻辑研究中，隶属函数作为其最基本的研究对象，它的确定主要源于专家知识及实际经验。这一过程包含明确的主观因素，但这并不意味着在此基础上建立的理论不可靠。相反，模糊逻辑正是利用了这一特点，反映了人脑的思维特征，使得模糊逻辑在许多以人为主要对象的领域获得了成功的应用。

第二，粗糙集的一元论特征。粗糙集理论的数学模型是一种有广阔应用前景的软计算方法。粗糙集基于分类机制，将知识看做是对数据的划分，并把知识库定义为一个关系系统。粗糙集使用两个精确集，即上近似集和下近似集来描述和刻画这种模糊性。粗糙集的独特之处在于利用已知知识库中的知识来刻画不精确和不确定的知识，并且可以有效地分析和处理各种不完备信息，从中发现隐含的知识。由此可见，粗糙集理论是一种具有模糊边界的理论，也是处理不精确性数据的分析工具。基于此，粗糙集理论对认知科学十分重要，并在信息系统分析、决策支持、专家系统、模式识别等方面有成功的应用。例如，数据库中的知识发现，它从不断增长的企业信息数据库中挖掘出额外的、非平凡的知识方面。更为主要的任务是探求内部数据的关联，如医学数据库中症状和病症之间的联系。

第三，进化计算的一元论特征。其主要基于达尔文的自然选择原理（适者生存），包括遗传算法、进化策略、进化规则等。遗传算法必须有两种潜在作用，即破坏和建构。进化计算的优势在于具有良好的自适应性，可以处理非线性高维问题，并不需要待解决问题的明确知识。

从广义上讲，遗传算法也是进化计算的一种。遗传算法主要是将问题的所有可能解进行编码而形成进行进化的种群，即搜索空间。遗传算法的理论基础是达尔文的进化论及孟德尔的遗传学说，通过选择、交叉、变异等模拟生物基因操作的步骤来进行。适应度较高的个体可以在遗传竞争中获得较高的遗传机会，相反，适应度较低的个体则会在竞争中逐渐失去遗传的可能性，从而达到优胜劣汰的自然选择。在遗传算法的计算过程中，种群逐代的优化就是问题最优解得出的过程。遗传算法对目标函数的要求很低，使得这一算法十分适用于对非线性复杂系统的研究。

由软计算的以上计算方法得出，软计算具有方法论上的一元论思维，一元论是软计算的重要哲学特征。

二、软计算中的多元论

多元论观点认为世界的本原、人的认识和思维方法及价值的范畴属性并不是唯一的，而是可以存在多种同样正确的范畴。随着 20 世纪系统论的发展，逐渐证明绝大多数的事物都是由两种以上元素构成的，软计算同样是由多种元素构成的计算系统。后现代主义哲学视角下的多元论分为本体论、认识论及方法论的多元论，其中方法论角度中的多元论源于尼采。之后的一些哲学家乃至社会学家提出了多元决定论，即任何历史现象、作品和科研成果的产生都是由多种原因决定的。这种多元论的方法论比较符合时代需求，有许多积极意义。首先，主张多种理论甚至是相互竞争的理论之间可以同时存在。其次，主张不同主体之间的平等对话，这种对话并不是用一种理论来批判另一种理论或者把一种理论强压于另一种理论，而是促使不同理论之间吸纳对方的优点，取长补短以达到新的高度。最后，从实践的角度认识到社会文化对科学研究多角度的辐射。

软计算作为一种不断扩展的方法论联合体，非常适合处理现实生活中的不精确性和不确定性问题，因而不断有研究者提出在一些可能的条件下，把这些方法组合起来进行应用，以进一步增强软计算解决问题的能力。例如，模糊计算的特征是通过对模糊事物的判定，得出事物的本质和问题的结论，其基本功能是实现符号知识和模式知识的高度匹配。神经网络的特征是通过学习，使之有能力来标示非线性模型。进化计算的特征是对于非线性问题有效的求解能力。

（1）粗糙集与其他计算方法之间的融合计算。软计算中的融合技术包括组合融合、容错融合和分层融合三种融合方式。不同的融合方式正是软计算多元论的集中体现。粗糙集是软计算中发展较快的一种计算方法。粗糙集的主要特点是计算原理主要依托于原有的数据，因而计算结果相对比较客观。其主要应用于数据挖掘、决策分析、机器学习等领域，但是，若待计算的原始数据不精确，粗糙集便无法进行计算，这一明显的特点使得粗糙集与其他计算方法的结合十分必要。

第一，粗糙集与模糊集。模糊集理论和粗糙集理论都是研究信息系统中知识不完全、不确定问题的重要方法，各自具有其优点和特点，并在许多方面都有成功的应用。模糊理论是建立集合的子集边缘的病态定义模型，而隶属函数多数是凭经验给出的，带有明显的主观性。而粗糙集理论是基于集合中对象间的不可分辨性思想，作为一种刻画不完整性和不确定性问题的数学工具，无需任何先验的信息，就能有效分析处理不精确、不完备信息，对不确定集合的分析方法是客观的，两种理论之间有很强的互补性，可以在实际应用中发挥各自的优势。一些学者通过粗糙隶属度函数将二者结合起来，定义了模糊粗糙集和粗糙模糊集的概念。

依据模糊集理论，模糊集中的每一个元素都是在一定程度上隶属或不隶属于这一集合，而衡量隶属程度的就是隶属函数。隶属函数是模糊集中的核心概念，隶属函数的确定通常是根据专家的经验或统计数据来确定的，具有很强的主观性，而粗糙集中的上近似集和下近似集都是由已知的数据确定的，具有很强的客观性。这一明显的计算特征使得二者的结合十分必要。目前，研究成果较为显著的是粗糙模糊集和模糊粗糙集。其中，粗糙模糊集主要是对模糊集中的隶属函数采用粗糙集中上近似和下近似的方法进行描述，将模糊集中的隶属函数扩展成上近似的隶属函数和下近似的隶属函数，并由这两个隶属函数所形成的隶属度值来形成一个区间，从而增强模糊集计算的客观性。模糊粗糙集则是把模糊集中的隶属函数概念应用到了粗糙集中。其主要根据模糊集中的隶属函数来确定粗糙集中的等价关系，即将模糊集中确定的知识转变为粗糙集中的等价关系，进而提高粗糙集处理问题的效率。目前，粗糙模糊集与模糊粗糙集已经在许多领域获得了实际应用。

第二，粗糙集与神经网络。神经网络是在现代神经生物学的基础上发展起来的一种模仿人脑信息处理机制的网络系统。它可以模拟人的思维方式，具有很强的自适应性，同时也具有良好的抗噪声性。其是由简单处理单元所构成的规模宏大的并行分布式处理器，神经网络可以在有监督或无监督的情况下从输入数据中进行学习，这一特征被广泛应用于数据挖掘、模式识别、信号处理等领域。但是，神经网络无法对冗长的输入信息进行有效的判断，不能对输入的信息进行简化，因而无法处理空间维度较大的数据。神经网络的这些特点使得与粗糙集的结合十分必要，将二者结合起来可以用粗糙集弥补神经网络在处理高维度数据上的不足，同时神经网络的抗干扰性可以极大弥补粗糙集对噪声的敏感性。粗糙集与神经网络主要有两种结合方式。①将粗糙集作为神经网络的前端处理器，利用粗糙集对冗长的信息进行约简，降低信息的空间维度，从而为神经网络提供较为简单的数据信息。这一方法可以缩短神经网络的学习时间，提高计算的速度，优化神经网络的整体性能。②在神经网络中引入粗糙神经元，将粗糙神经元与普通神经元进行结合构成粗糙神经网络。

第三，粗糙集与遗传算法。遗传算法是一种解决优化问题的适应性搜索方法，是进化算法中较为重要的一种算法，已广泛应用于人工智能、自动化及数据挖掘等方面。

（2）软计算中的模糊逻辑和神经网络成为国际机器智能研究中很有前途的两种计算方法，并在研究中逐渐结合为机器智能的发展开辟了一个新的方向。机器智能在不确定环境中仍可以进行决策，但传统人工智能无法达到这一标准，而且传统人工智能在计算过程中必须用符号进行表示，使得传统人工智能在处理性和实现性等方面的作用大大降低。而软计算作为新型的计算方法通过降低处理问题的精确性来提高人工智能的可实现性。目前，主要将模糊逻辑与神经网络技术进行协同研究，建立基于模糊识别的神经网络分类器，用于模拟人类思维，为新型人工智能提供新模型。

同时，模糊逻辑与神经网络之间的融合同样运用于边坡稳定性方法中。这一模式主要是将模糊集中的语言场、语言值结构理论同神经网络中的传播网络计算融合，进而形成处理不确定性数据的计算方法。这一方法用语言场和语言值描述边坡的结构及其影响因素，由复合神经网络完成边坡的稳定性评价，并用这一方法解决边坡稳定性评价这一实际问题。该方法极大地提高了边坡稳定性评价的自适应性和容错性，借助于软计算中的计算方法可以揭示制约和影响边坡稳定性因素之间的联系及变化规律，从而提高边坡稳定性评价的客观性与合理性。同时，模糊逻辑与神经网络之间的优势互补正好体现了软计算在实际应用中的多元论思想。

（3）软计算中的模糊逻辑和遗传算法之间的融合同样运用于改良企业的资信评估模型。企业资信评估模型是指对企业的资金及信誉从质和量两个方面进行科学、客观、全面的评价。企业资信评估模式在欧美发展较为先进，模式众多，但仍没有一个统一的、有效的评估方法。软计算的提出使得企业评估采取动态与静态、定量与定性相结合的计算方法得以实现。这一新型的计算方法利用模糊逻辑的隶属度关系，将定性指标定量表示，将企业的众多评估值转换到[-1, 1]区间，再由遗传算法中的快速 k 均值进行聚类，使得所有数据达到了全局最优解，最终提高算法的收敛速度。

（4）遗传算法与模糊逻辑、神经网络计算之间的融合运用同样对城市道路交通选址具有重要作用。遗传算法主要是模拟自然选择和遗传机制，以迭代的方式对计算群体进行评价、选择和重组，直到目标群体满足计算要求或达到最大迭代次数，在此基础上得到最优解。粗糙集对属性的约简通常采用启发式算法，这种算法虽然在一定范围内较为有效，但随着计算规模的增大，对最小约简的求解难度也会大幅增加。而遗传算法作为一种全局优化的搜索方法，具有良好的鲁棒性，能够防止搜索陷入局部困境，有利于大规模问题的约简。目前，粗糙集与遗传算法的结合主要应用于属性约简和数据挖掘等方面，这些计算方法可以针对不同问题的城市道路交通进行模拟和计算，提高城市交通的实用性和利用率，有效解决城市交通这一棘手的实际问题。由此可以看出，软计算中不同方法之间的优势互补正是多元论方法论的体现。

随着对软计算研究的不断深入，人们发现单个的软计算方法无论在理论还是应用方面都存在着或多或少的缺陷，而软计算的各个理论之间具有的互补性可以弥补单一理论的不足。因此，将软计算中的两个或多个理论结合运用已经成为研究者的共识。

再者，从逻辑角度来说，逻辑本身就具有多元论特征，即正确的逻辑并不是唯一的，从不同的角度考量逻辑便会得出不同的结论。从现代逻辑的发展历程来看，逻辑的多元论比一元论更加合理。形式系统的逻辑构造并不是唯一的，不同的研究者可以提出不同的观点，并不存在唯一的、最好的形式表述，也就是说，可以存在同样正确但是不同表述的逻辑系统。逻辑实证主义代表人物卡尔纳普在其所著的《语言的逻辑句法》一书中指出，逻辑性是语言的规则，但语言的逻辑构造不可能是唯一的。语言的多样性也在一定程度上造成了逻辑的多样性，然而在多种逻辑构造中我们并不能确定哪一种逻辑才是唯一正确的。所以说，软计算作为逻辑思维的产物，本身就具有多元论特征。

三、软计算是一元论与多元论的结合

现代主义多元论是传统理性主义思维方式下的产物，与一元论相对应。现代主义多元论最早是古希腊时期本体论方面的多元论，如恩培多克勒的"四根说"。之后，比较有代表性的是笛卡儿提出的"我思故我在"命题，身心二元分立。后期比较有代表性的是波普尔提出的三个世界理论，阐述了他的世界多元主义观点。而后现代主义本身就是多元论，后现代理论处于一种多元理论的状态，其建立在否定现代主义、理性主义的基础之上。多元论证在后现代主义哲学中获得了突飞猛进的发展。其中，在后现代主义中比较有代表性的是费耶阿本德提出的多元论，即经验并不能完全决定理论，科学理论可以与经验事实有出入；理论之间只有破除一致性规则才能更好地发展。费耶阿本德提出韧性原则，韧性原则是一个方法论问题，这一原则提倡多元论的方法，因为每一种方法都有其无法避免的局限性。库恩则反对归纳主义的静态观，主张用历史的、动态的方法考察科学发展的过程。

传统哲学中，哲学家对世界本原的一元论与多元论之争从未中断。在身心关系问题上，历来哲学家要么主张一元论，要么主张二元论，但蒯因却试图将二者结合起来。蒯因既坚持实体一元论，同时坚持概念二元论。我们必须摒弃实体二元论但又不能完全消除身心概念方面的二元论。蒯因通过区分实体和概念将一元论与二元论结合起来。之后，现代主义多元论打破了本体论这一单一范围，而把注意力放在本体论、认识论、方法论及社会价值观等哲学的各个领域。其中，软计算的应用主要体现了方法论方面的多元论意义，并对事物采取历史的、动态的认知分析，将理论与其现实意义更好地融合并主张一切价值观具有平等的地位和作用。

软计算概念的提出者扎德教授曾多次强调："软计算的成员之间在问题的求解过程中是互为补充而非竞争的……"[1]软计算各成员之间特点鲜明，各有优缺点，使得这种结合既可行又十分必要。

第一，粗糙集中的一元论与多元论结合，软计算中的粗糙集根据实际需求，既可以单独运用也可以与其他计算方法融合运用。

第二，神经计算中的一元论与多元论结合。神经网络具有自组织、自学习、高度容错的特点；模糊逻辑具有人类思维的某些特点，可以对不精确的、不确定的问题进行推理；遗传算法具有能够处理参数多、结构复杂问题的全局优化能力；粗糙集无需任何先验的知识就可以从大量的数据中获取到隐含的知识。所以，这些计算方法在单一的计算过程中作用巨大，可以独立运用，这体现了软计算方法论的一元论思想。但同时，神经网络训练时间长、知识解释性差；模糊逻辑由于过度依赖专家知识在应用范围上受到了很大的限制；遗传算法稳定性差、收敛速度较慢；粗糙集对噪声较为敏感。

遗传算法和神经网络都是对生物学原理的模拟，遗传算法基于生物进化，而神经网络是人脑的特殊反映。将二者结合可以得到更优化的计算结果。模糊系统可以与遗传算法或神经网络进行结合，用神经网络或遗传算法设计模糊系统。因为模糊系统中的专家知识虽然可以用模糊规则进行表示，但其规则的提取和隶属函数的选取却十分不易。这一困境可以利用神经网络的自学习和自组织来解决，即对已知的数据进行分类并规定模糊规则的数量,用神经网络模糊分割输入空间，进行学习，获取相应规则隶属函数的特性，进而生成一定的隶属值。在这一融合过程中，局部区域的梯度学习算法缺乏安全性，可以利用遗传算法来完善相应的功能，以获得最佳效果。同样，遗传算法也可以利用模糊系统或神经网络的学习能力来设置遗传算法中的参数，如交叉概率、变异概率及算法迭代的步数等。在此基础上，遗传算法可以自动实现调节和进化。总之，在软计算中，模糊逻辑、

---

① ZADEH L A, 2004. Fuzzy logic, neural networks, and soft computing[J]. Communications of ACM, 37(3): 77-84.

神经网络、遗传算法之间根据实际情况的结合，不仅可以更有效地处理非线性复杂系统，而且对智能信息的传递、储存及智能计算机的研制都具有重大意义。

　　第三，进化计算中的一元论与多元论结合。组合遗传算法-模糊逻辑，遗传算法与模糊逻辑有两种结合方法，即模糊-遗传算法和遗传-模糊系统。其中，模糊-遗传算法用于改善遗传算法的性能，因为遗传算法虽然对全局优化十分有效，却在局部搜索方面效果较差。而模糊逻辑是局部搜索的有力工具。可见，将遗传算法与模糊逻辑结合可以最大限度提高局部和全局优化功能。目前，其已应用在交叉概率、变异概率、种群规模等。遗传-模糊系统用于改善遗传算法的性能，因为遗传算法的性能取决于其知识库（由数据库和规则库构成），计算开销十分庞大，所以原有的关于遗传算法的调节只能离线进行，而通过模糊逻辑优化过后的遗传算法则能实现在线控制。

　　遗传算法-神经网络，主要用遗传算法来确定前馈神经网络的学习率和动量项，从而改善神经网络的性能。一些研究者通过遗传算法确定神经网络的最优权值，涌现出了进化机器人学这一新型领域。

　　由此可以得出，软计算中的每一个组成部分均是一元论与多元论的结合。每一种计算方法根据实际情况的难易选择单独计算还是多个方法之间的融合计算。所以，从方法论角度来看，软计算是一元论与多元论的结合。

第三章

软计算：确定性的挑战

通常来说，在哲学的层面上，确定性与不确定性只是一种笼统的概念，而在这些概念之下实际上还有一些具体的概念表征。例如，人们通常把确定性看做是明晰性、必然性、精确性等，这些概念都在某种程度上切中了确定性概念内涵的某一个方面；人们通常也把不确定性看做是随机性、模糊性、粗糙性等，这些概念同样也是对于不确定性概念的不同层面内涵的揭示。需要指出的是，在软计算理论的提出和发展过程中，很多人开始质疑，软计算所容纳并接受的随机性、模糊性和粗糙性等特征是不是意味着软计算不再主张科学理解的确定性基础了呢？问题在于，如果失去了这种科学确定性的基础，包括数学、计算科学在内的一般性科学研究是否还有意义？为此，我们有必要从软计算理论所具有的上述一些具体的不确定性特征出发，去讨论和辨析软计算理论的确定性基础问题。

在数学家那里，确定性问题向来就是一件理所当然的事情，而自然科学的发展和成熟也是与数学上的定量分析紧密相关的。最初在古希腊时代，科学在亚里士多德那里主要是以定性的方式展开的，后来伽利略逐渐意识到科学定量化发展的必要性，否则一切科学论断都可能只是一种形而上学的陈述，并没有坚实的基础。自17世纪牛顿力学体系的建立，科学才开始正式脱离形而上学，有了自己的体系和方法，数学作为科学的强大工具，具有极为重要的地位。

在计算机科学中，传统计算的主要特性就是对计算过程和初始条件值进行严格控制，最终达到计算结果的确定性和精确性。在问题的求解思路上大致遵循这样一种模式：对复杂的事件进行简化并抽象出规律性，接着用数学形式化的方法对此规律进行严密的表征和描述，最后用得出的数学公式进行编程，使程序按照严格的数学规则运行，输入初始值就能得到确定的精确的结果，没有任何误差。在具体的计算机工程领域，这种硬计算方法的基本步骤大致可总结为：①首先要对实际的问题进行模型抽象，分辨和识别出与问题相关的变量，并将其分为两组即需要输入的条件变量和需要输出的结果变量；②运用数学模型和公式模拟运算过程，用严格的公式表示出输入和输出的关系方程；③输入条件变量对数值进行求解，并从整体系统上对求解过程进行严格的控制。

总之，相比于软计算，硬计算被应用的充分必要条件就是被求解的问题可以充分的数学形式化。但在实际生活中，存在着大量复杂的情况根本就无法进行抽象和定义，而且由于存在大量的非线性，也无法进行数学建模。这样，首先从构建公理化体系上，哥德尔证明了严密的公理化是不可能的，再怎么严格证明的数学形式都必定有未加证明的地方。其次，从经验现实的角度看，对于一些复杂程度较高的事件，由于事件本身就不是单一因素作用的结果，各种因素交叉重叠，从原理上不可能找到确定的、单一的因果关联来解释事件发生的结果。有些不确定性是本质的，无论数学再怎么发展也无法描述，因此基于精确性而建立的硬计算方法对这种不确定的问题显得无能为力，无法进一步发展。

尽管软计算在计算机领域取得了较大的发展，但是在哲学领域却很少有学者就软计算方法引出的哲学概念，如对模糊性、随机性、粗糙性等的基本哲学内涵和意义进行分析。软计算作为一种科学方法，在人工智能领域已经得到普遍的应用，基于软计算所抽象出来的新概念，需要人们做出深入的剖析和研究。

目前，关于软计算的研究主要是集中在计算机领域，从扎德提出模糊集理论开始，到现在软计算方法已经取得了极大的发展。但是，在哲学领域，无论是国外还是国内，几乎没有人关注，对其进行哲学分析的更是少而又少了。目前，作者搜索到的关于软计算哲学分析的主要有刘普寅和李洪兴所写的《软计算及其哲学内涵》一文，该文对软计算的基本内涵和意义进行了大体的分析[①]；苏运霖的《软计算和知识获取》一文，该文结合软计算，对比了人类和机器知识的获取方式之差别[②]；还有何建南的《软计算方法和广义模糊认知哲学》一文，从认知哲学的视角分析了软计算的若干问题。[③]本章试图从软计算的三个核心概念，即粗糙性、随机性、模糊性入手，阐述三者的基本含义，并深入分析其对哲学的指导意义。

第一节 软计算的"粗糙性"

"粗糙性"是软计算方法不确定性特征的其中一种表现，同时它也是软计算在

---

① 刘普寅，李洪兴，2000. 软计算及其哲学内涵[J]. 自然辩证法研究，5：26-30.
② 苏运霖，2003. 软计算和知识获取[J]. 广西科学院学报，11：165-170.
③ 何建南，2007. 软计算方法和广义模糊认知哲学[J]. 五邑大学学报，3：1-4.

数据挖掘和计算推理过程中所具备的基本特性之一，这一特性从逻辑思维的层面上为软计算方法论效力的提升奠定了重要的基础。然而，从哲学的层面上来看，"粗糙性"这一隐喻陈述在本质上揭示了，人脑在对事物进行把握与认知的过程中所具有的某种典型特征，"粗糙集理论可以处理不完备的数据以及在一定的误差准则下处理不相容的数据"[①]。人脑有能力通过近似和归类比较等非理性思维来实现对于不精确、不确定性信息的高效处理，这体现出以生物神经网络为基础的大脑结构相较于早期计算系统在信息处理方面的优越性。为此，以人脑思维运作机制为模拟和借鉴的软计算方法，力图将这种信息处理的"粗糙性"加以容纳吸收并实现计算层面上的操作推演，这充分体现出软计算方法在技术与科学的维度背后所潜藏的深刻哲学意蕴。

一、软计算"粗糙性"的思想渊源

在帕夫拉克的"粗糙集"理论中，"粗糙"概念的英文表述为 roughness，而 roughness 在英语语境中意味着事物表面高低起伏的状态、样貌。在这里，显然源自事物形态的隐喻描述、刻画而来的"粗糙性"概念在软计算理论当中已经摆脱了事物几何形态的原初锚定对象，而着重抽取了其中"不精确"与"近似性"的抽象特征，"粗糙集是一个抽象的概念，在集合中任何要素的存在都是模糊的"[②]。事实上，从传统形式逻辑到现代数理逻辑的构造，再到当代各种非经典逻辑系统的提出、应用与发展，其背后所潜藏的核心哲学理念就在于：以"粗糙性"为隐喻表征特性的当代各种非严格逻辑体系不再固守——对应的逻辑构造理论，并且超越了主客二元对立的本体论世界观——源自康德的"现象世界"与"自在世界"理论，人为地割裂了统一的人类存在、认知过程，进而试图构建一个逻辑自治的理想语言体系。为了达到与世界事实结构、特性的完美对接，逻辑语言就被进一步规范化与严格化，逻辑学家认为只有这样才能够一劳永逸地解决所有"现象世界"当中的问题，而一切不能解决的形而上学问题则被划归于"自在世界"的范畴当中，进而被认为是没有意义的问题而遭到了抛弃。历史地来看，恰恰是这种理想主义的逻辑观在 20 世纪中期逐渐式微之后，以"粗糙性"为典型表征模式的各种非严格逻辑体系才开始大规模地兴起。逻辑学家最终认识到，单纯符合逻辑句法的命题表征并不能够满足以语用为目标导向的现实语境需求，而传统逻辑系统的狭隘性正是表现在它难以应对非线性、多目标及模糊变量和条件的复杂语境要求。在这一点上，计算科学作为一门实践性很强的应用学科，它始终致力于为

① 张政超，关欣，何友等，2009. 粗糙集理论研究的新进展[J]. 计算机与现代化，11：16.
② SHUKLA M, TIWARI R, KALA R, 2010. Real life applications of soft computing. London [M]. London: Taylor and Francis Group: 134.

人类现实的生产和生活提供帮助，进而希望能够以技术的路径和方式改变世界的面貌。由此可见，以逻辑作为基础的当代计算理论所实现的由"硬"向"软"的转变，并非要违反逻辑规则、造成逻辑矛盾。相反，其根本宗旨在于希望能够真正地回归到逻辑思维构造的起点，即一切以人类现实问题的解决为导向，从而更好地构建合理的、完善的、满足人们需要的逻辑系统，"粗糙集理论是与知识发现和数据挖掘紧密相关的"[①]。

第一，弗雷格边界区域理论的启发意义。软计算理论的"粗糙性"概念，虽然作为一种哲学思维可以一直向前追溯到古希腊哲学的亚里士多德时期，但是它更多的和更主要的是受到了弗雷格边界区域理论（boundary region theory）的直接影响。这是因为，软计算方法作为一种超越传统的计算思维，尽管它在某种程度上摒弃了严格数理逻辑的绝对性和狭隘性，但是它所倚赖的仍然是最早由弗雷格和罗素等逻辑学家所创立的现代数理逻辑。然而，在早期数理逻辑的奠基人弗雷格那里，逻辑系统的构造仍然被赋予了一种相对开放和包容的态度，只是到了后来，数理逻辑的发展才走上了一条语义形式上日益完善、语义内容上却日渐封闭的道路。因而，从事软计算理论研究的学者将目光投向了现代逻辑兴起的"原点"，他们试图从现代逻辑的鼻祖弗雷格那里获得思想的教益。从这个意义上来说，弗雷格的边界区域理论之所以能够成为软计算理论"粗糙性"概念的思想源头，并且给予了后来"粗糙集"理论形成的最初灵感，这其中包含着软计算理论学者深刻的哲学思考。

众所周知，19 世纪末德国逻辑学家弗雷格所创立的命题演算和一阶谓词系统，最核心的目标就在于，用符号语形构造的方式来改变传统形式逻辑无法展开便利的逻辑演算的缺陷与弊病。然而，在研究的过程中，弗雷格也注意到了单纯的真假赋值很难涵盖自然界和人类思维的全部现象，因为有大量的命题是介于真与假的逻辑赋值之外的。针对这种真值的不确定性特征，弗雷格提出了 vagness 概念，以此来刻画那些处于真假边界状态的逻辑赋值。弗雷格认为，在逻辑全域（universe）当中的某些要素和成分既不属于某一个具体的子集，同时这些要素和成分也不属于前述子集的某类补集。针对这些逻辑系统构成要素的含混性所属特征，弗雷格的选择是将这些含混性的区域置于无意义的立场上来加以解决。然而，弗雷格的这种观点遭到了后期维特根斯坦的猛烈批判，维特根斯坦认为，如同弗雷格一样将含混性概念归诸于明确界限的区域之外是错误的，因为概念在本质上并不仅仅是一种区域，而更多的是体现为一种事物之间的关联。很明显，虽然弗雷格和后期的维特根斯坦都注意到了语言概念的含混性特征，但是两者在含混性问题的解决过程中却选择了不同的路径，这种研究传统的差异不可避免地在软计

---

① DYMOWA L, 2011. Soft computing in economics and finance[M]. Berlin: Springer-Verlag: 13.

算理论的构造过程中产生了影响，而这也正是弗雷格含混性问题启发性和引导性作用的充分体现。[①]

第二，帕夫拉克"粗糙集"理论的思想成型。1982年，波兰学者帕夫拉克在《粗糙集——关于数据推理的理论》一书中正式提出了粗糙集的初步理论模型。事实上，在粗糙集理论产生之前，软计算理论当中由扎德所提出的模糊集概念及其理论更具广泛的影响力。然而，模糊集理论却很难对弗雷格的含糊性问题给出满意的答案，其原因在于由于缺乏适当的语形构造，模糊集很难刻画弗雷格意义上边界区域之中所包含的构成要素数量。为此，帕夫拉克致力于改变这一不利的局面——在对于"粗糙性"概念进行界定、认知的基础上，帕夫拉克构造了粗糙集理论的基本雏形，从而为后来粗糙集理论的不断发展与完善奠定了重要的基础，其主要思想表现在以下两个方面。一方面，关于人类智能的本质方面，帕夫拉克认为对于事物的分类辨别、认知能力是最为关键的，这是人类智能的核心。在这里，帕夫拉克着重强调了事物存在的类型、层次特征，并且认为概念存在着粒度的差异，而这些概念可以用容量不同的论域子集来加以表征。显然，帕夫拉克的这种思想在人类认知的层面上是非常重要的，而无论是在柏拉图的理念论中关于"理念"的等级区分，还是在亚里士多德实体学说当中的范畴、类型差异，它们共性的地方在于都强调了对于事物认知过程中的归类属性划分、辨别能力，而这一点在软计算方法特别是粗糙集理论应用于人工智能的研究过程中是至关重要的，它是实现人工智能的可操作性的原则和基础。另一方面，帕夫拉克为粗糙逻辑确定了在真假赋值之间的粗糙真、粗糙假和粗糙不一致的概念，并且采用集合中的构成要素数量来刻画不同概念之间的相容、包含等关系属性。由此可以看出，帕夫拉克在这里将"粗糙性"概念引入传统的二值逻辑之中，这对于传统逻辑而言是一种极大的创新，这充分表明了：以符号表征作为基础和依托的现代数理逻辑本身并不具有一成不变的形式构造，尽管在形式方面数理逻辑日趋精致化、复杂化、严格化，但是其本质上仍然是以人的思维乃至于自然界、社会的规律、法则作为根本归宿与目标的。正是基于这个原因，逻辑形式本身形态的多样性与丰富性非但没有违背基本的逻辑法则，而且这一点更说明了逻辑法则与规律的普遍应用效力和作用空间。

二、软计算"粗糙性"的理论内涵

软计算的"粗糙性"特征展现出与模糊性、随机性等软计算的其他方面特征迥然相异的思维路径，这些思维路径的共性在于它们都是人类不确定性思维

[①] 维特根斯坦，1992. 哲学研究[M]. 汤潮，范光棣译. 北京：生活·读书·新知三联书店：71.

的不同方面的展现。从表面来看，思维的"粗糙性"是违背人类真理追求的宏大志愿的，因为人类认识的根本目标即在于把握世界、事物的本质，而这种本质在很多时候被人们认为是一种确定的、稳固的、绝对的对象存在。为此，科学家试图通过科学实验和科学观察来挖掘事物现象背后的根源——而为了达成这一目标，科学家一方面用各种手段为科学观察赋予了精确的、统一的度量值，并且不断地完善测量与观察的工具体系；另一方面也构造和借鉴了精致化的逻辑思维，这种逻辑思维被认为能够有效地把握现实世界当中各种事实的微观细节。然而，与这种认知的"精致化"思维相对的，恰恰是科学家在日益复杂的科学图景面前所出现的不适感，这种情况在 20 世纪后期的新一轮科学革命爆发以来表现得越来越突出。科学家认识到，思维的"粗糙性"并非绝对是一种人类认识的负担，在很多时候这种"粗糙性"可以成为达成人类认知目标的便利工具。正是从这个角度出发，粗糙集理论希望通过一系列核心概念的构造，将人类思维的"粗糙性"优势加以技术地实践化改造，进而为各种实践难题的解决提供帮助。

第一，信息粒化的哲学意蕴。信息粒化是粗糙集理论的重要思想基础之一，同时也是软计算方法"粗糙性"特征得以展现和发扬的主要形式。就"信息粒化"这一概念的内涵和意义来看，所谓的"信息"是指人们所认知和接触到的对象与客体的总和。在现实生活中，作为主体的人类无时无刻不在与各种事物打交道，进而它们就成了人类感知的现象存在，这些现象存在作为"信息"成了人脑进一步复杂加工的来源和依据。就"粒化"这一概念而言，它本身意味着规模大小不一的信息组织条块所呈现出的分散化、局域化、颗粒化的典型特征。我们知道，世界、事物的存在是一种整体的存在，任何事物都是多种要素、环节和方面的系统组合，因而事物所具有的特征是丰富的、具有多样形态的。正是由于世界和事物的这种存在特性，人类在展开认知的过程中很难一次性地全面把握事物所具有的全部特征，特别是在当代大数据分析和人工智能信息处理方面遇到了严重的困难与问题。在解决问题的过程中，科学家认识到，我们可以将源自事物认知的信息进行条块的分解，而其中的每一种具体的信息就是信息粒。这些信息粒各自都携带有关于事物某一方面的特征内容，并且在规模层次上可以被区分为大小不一的、相互之间存在重叠、包容关系的颗粒信息，为此粗糙集的理论通常采用粒度（granularity）来刻画这些信息颗粒的大小规模，"信息粒度是对信息与知识细化程度的度量，粒度是一类具有不可区分性、相似性、近似性或功能性的对象的集合"①。在这里，需要指出的是，上述信息粒化的思想实际上是对人脑所具有的某种认知思维特征的深刻认识与把握。也就是

---

① 耿志强，朱群雄，李芳，2004. 知识粗糙性的粒度原理及其约简[J].系统工程与电子技术，8：1112.

说，作为主体的人类总是以自己特定的认识角度、立场和倾向来展开对于事物进行认知的过程的。在这种局部认知的基础上，人脑会自动地将有关事物的信息进行联结、整合与系统化加工。这种思维方法带来的好处就是，一方面，它满足了人们在特定认识水平和阶段上对于事物的具体认知目标，而并不以分析效率的降低或者分析成本的提升作为代价；另一方面，颗粒化的信息认知实际上意味着知识在精度上可以被区分为不同的层次与类型，这一点成了粗糙集理论的重要思想基础。

第二，知识分类的认知根源。知识分类是粗糙集理论的思想基础之一。在粗糙集理论看来，一方面，知识是对于事物进行分类认知的结果，正是在这种分类认知的基础上产生了概念；另一方面，概念是知识的基本组成结构，同时也是人类认知发展的前提和基础。在形式表征方面，粗糙集理论认为，"对于给定论域上U的任何一个划分都需要一定的知识，称关于U的一族划分为关于U的一个知识库"[①]。在这里，我们可以看出，粗糙集理论在对于人类心智-智能的理解过程中着重强调了范畴划分—概念分类的能力，而对于概念则采用论域子集的方式来加以表征，这样就可以区分出不同层次、类型的粒度概念。实际上，西方的哲学家向来非常重视对于概念、理论的范畴划分，无论是在柏拉图关于理念的存在等级学说中，还是在亚里士多德的实体范畴思想中，乃至于在后来康德关于知性学说中四大类十二范畴的提出，这些思想和学说都把范畴看做是人类认识过程中的必要环节和步骤。对于粗糙集理论而言，在复杂问题特别是人工智能问题的求解过程中，人们更需要将所传递的信息以范畴划分的形式加以具体化和可操作化，这使得人们能够为知识的系统表征构建起可靠的实现路径。

第三，属性约简的思想基础。在粗糙集理论看来，属性约简是知识辨认的重要原则，它能够有效地排除掉冗余的知识，提升认知效率，但是这种约简的操作必须确保知识分类的框架和规则的有效性，同时也必须承诺作为核心的知识特征能够始终保持其稳定性。换而言之，粗糙集理论所强调的数据约简以决策表的精简作为主要目标，然而这种约简的过程并没有动摇决策属性与条件属性之间所形成的主导与被主导、统辖与被统辖的关系。在这种数据约简的过程中，各种非主导的冗余属性逐渐被弱化，而其中能够贯穿始终的核心决策规则却不仅被保留下来，而且能够以更加突显的、更具优势的地位发挥出它应有的作用。在人类认知的过程中，事物诸多不同层面的属性会进入到大脑的信息处理机制当中，而能否对于这些繁多的属性做出恰当与合理的应对，是反映人脑智能水平高低的一个重要指标。人脑与机器最大的不同就在于，它能够相对稳定地把握核心目标，并且在以不同的路径和方式展开推理、联想及抽象思辨的过程中保持实现

① 邓方安，周涛，徐扬，2007. 软计算方法理论及应用[M]. 北京：科学出版社：64.

核心目标的稳定路径。无论是对于语词概念的表征过程而言，还是对于科学理论的演化进步而言，尽管其中所蕴含的各种属性会发生形态各异的变化，但是在其中总会有一个相对稳定的核心思想作为支撑，这恰恰体现了人类思维的灵活性和应变性特征。由此可见，粗糙集理论所坚持的属性约简原则在算法的表象背后，所隐含的是对于人类思维过程的充分模拟和借鉴，这进一步展现了粗糙集理论的方法论魅力。

三、软计算"粗糙性"的哲学特征

传统上，人们认为知识的发现和创造总是以一定的先验概念、原则作为前提和基础的，每一种新的知识的提出总是有着诸多已知的知识作为支撑，这使得人类知识的发展呈现出一种彼此关联、前后嵌套、螺旋式上升和进步的整体进程。20世纪后期以来的科学哲学更是认为，科学的观察渗透着科学的理论。这就是说，在科学发现与认知的过程中，我们所观察到的客观现象和经验的事实，表面看起来是独立自存的、绝对中立的，它们似乎没有受到人类先验观念的介入与干涉。然而，既有的、确定的科学理论作为我们头脑中先入为主的思想、观念已经成为我们大脑当中潜意识的一部分，这使得我们在很多时候容易忽略它们的存在。在这一点上，粗糙集理论深刻地认识到，既定的科学理论原则、观念固然能够逻辑地启发和推演出与之相关联的数据、信息，从而使得新的知识构造能够被赋予一种强大的因果性保证。然而，恰恰是这种"有前提"的知识发现在丰富的语境信息面前受到了效率提升层面上的影响和制约。因为很多时候，我们所寻求的知识在精度上是分层次的，对于那些满足有限度预定目标的数据分析任务而言，严格的、过于完善和周全的数据挖掘就显得没有必要了，而且这也容易带来低效率和高成本的代价，这恰恰是粗糙集理论方法力求解决的关键问题所在。

第一，知识的经验构造原则。粗糙集理论摒弃了抽象的、先验的思辨，强调知识的经验构造原则，"粗糙集分析方法不需要任何先验信息，利用数据本身就可以推理和决策了"[1]。我们知道，知识构造的经验与先验之争，是哲学尤其是科学哲学当中的一个重要论题。在西方哲学史上，从经验主义的代表人物洛克、休谟一直到20世纪初逻辑经验主义的兴起，这其中存在着一条前后相继的、内在关联的逻辑路线。特别是，逻辑经验主义对于经验的重视把传统的经验论原则推向了一个新的高峰。然而，恰恰是在逻辑经验主义那里，认识的经验基础被绝对化和狭隘化了，这使得认识的经验与先验层面之间的隔阂越来越深，最终造成了两

① 邓方安，周涛，徐扬，2007. 软计算方法理论及应用[M]. 北京：科学出版社：62.

者之间的对立局面。20 世纪后期以来，科学哲学家认识到，认识的经验基础和先验原则之间并非对立的，而是在两者之间存在着可以过渡、相互转换、有机连接的紧密关系。对于粗糙集理论而言，它研究的可分析数据是确定的、客观存在的，并且在其决策和推理的过程中具有一定的实证性。例如，粗糙集理论认为，知识分类的对象是客观存在的，这些对象的连接作为一种不可分辨的关系，真实地反映了事物的颗粒状态特征。也就是说，粗糙集理论的分析过程并不以已有的专家知识作为基础，而是直接以现有的数据库作为分析的前提，这使其能够有效地避免数据分析的主观性和先验性。

第二，粗糙集与不确定性知识的挖掘。软计算"粗糙性"特征的提出，本身就意味着在认识论层面上绝对主义思想的破产。也就是说，科学家不再把追求知识的确定性作为自身工作的唯一目标，而是承认并接纳了不确定性的认知思维方式。在这里，应当指出，从确定性的思维转向不确定性的思维，这是当代科学方法论的一大进步，因为科学家在此过程中认识到了事物存在状态及其特征的复杂性。客观地来说，不仅是事物的复杂性作为一种具有必然性的特征而客观存在着，同时人类的认知也由于条件和环境的约束而存在着有限性。因此，承认了人类认知的局部性、有限性和阶段性，我们也就必须承认不确定性的认知思维具有合理性与必然性。当然，粗糙集理论所强调的不确定性认知并非一种盲目的、不加任何限制的相对主义思想，而是一种有着特定规则约束的、遵循逻辑原理的科学方法。

第三，粗糙集与数据关联效应的揭示。众所周知，大数据泛指来源渠道不一、表现形态各异、组织规模不定、开发价值相差的各种信息的总和。对于这种大数据的有效处理，是当代计算科学研究的重要课题之一，而粗糙集理论能够挖掘表层大数据现象背后的深层知识本质。究其根源，大数据分析之所以被摆在了当代新兴科学发展最前沿的阵地上，原因是随着互联网的兴起、全球一体化的日渐深入，人类社会方方面面的要素、组织结构被更加深刻地融入了一张庞大无比的网络之中。在这一巨型网络中，任何一个体、要素都以潜在的、间接的，或者直接的、表象的形式发生着关联。因此，人类要做出某一项具体的决定或者选择时，就必须在这种海量的数据网络中对于个体要素进行全方位的、立体的认知分析。为此，粗糙集理论认识到，既然每一个体都不是独立存在的，那么我们对于可分析的对象就可以采用上近似与下近似的关系概念来表征集合要素的属性，由此便可以为分析对象赋予一个相对明确的特性空间，"通过粗集的上近似和下近似，可定义粗集的粗糙度概念"[1]。

第四，粗糙集与数据分析噪声的排除。粗糙集理论借助于信息粒化和数据

---

[1] 郑芳，吴云志，杭小树，2002. 粗集理论中知识的粗糙性研究[J]. 计算机工程与应用，4：98.

约简的基本原则，能够在海量数据——大数据分析的过程中把握特定精度要求的数据结构，进而形成有效的知识。因此，在粗糙集理论中，属性划分、投影划分、结构划分和约束划分分别作为重要的分析工具在对象认知的过程中发挥了重要的作用，而这种划分恰恰能够很好地避开无关信息，把握分析对象的最小属性集合。在现实世界中，各种不同层次和类型的信息是交织存在的，它们之间既存在着差异，同时在很多时候这些信息之间也存在着重叠。更为关键的是，不同的信息之间往往具有包容与被包容的关系，这使得人们在数据分析的过程中很容易被信息噪声所干扰。为此，科学家在人工智能的研究过程中提出了大数据分析的可行路径问题。例如，人工智能如何能够在复杂的信息环境中辨别和挑选出有效的数据进行处理？人工智能如何才能够排除实现目标任务的冗余信息？人工智能如何能够为多重复杂的信息排定重要性的程度和层次？由此可见，上述这些问题的提出，都要求有一种有效的、非传统的计算方法作为支撑，而这种方法的特征恰恰是线性的、以严格理性规则作为指导的硬计算理论所不具备的。为此，软计算方法的奠基者扎德教授在其模糊集理论的基础上，很快也认识到了粗糙集理论对于人工智能研究的重要意义，而这种意义的其中一个表现就在于粗糙集理论能够在纷繁复杂的信息、数据当中去删繁就简，并且直达问题的核心，"运用粗糙集方法得到的知识发现算法有利于并行执行，这可极大地提高发现效率"[1]，这充分显示了粗糙集理论所具有的粗糙性特征在哲学层面上的深刻内涵。

从科学哲学的角度来看，任何科学理论在其理论构造和孕育的最初时刻就已经潜在地为自身的可应用范围划定了边界和范围，这种边界和范围既是科学理论形成的基础和前提，同时也是其无法突破的理论壁障。按照理性主义哲学家康德的说法，人类所认识的"现象世界"的知识是永远无法通达"自在世界"的，在"现象世界"和"自在世界"之间存在着绝对的界限。在此，我们固然不能认同康德这种二元对立的狭隘世界观，然而这种思想也从另外一个侧面说明了：任何科学理论的普遍必然性都不是绝对的，而是相对的，既然它们存在于所谓的"经验世界"当中，那么科学理论就必然有其特定的理论边界和局限。因此，以粗糙集理论为代表的软计算"粗糙性"思想在数据分析和知识构造方面固然形成了其独具特色的研究路径，然而这种研究路径是与其他的软计算方法之间具有鲜明的差异。从模糊集和粗糙集理论的对比来看，二者的共性在于对于经典集合论的引入与扩张，而其差异表现在：粗糙集理论强调集合关联的上近似、下近似特征，并且从分类认知的角度出发去把握具有差异的类属对象。然而，模糊集理论所强调

---

① 邓方安，周涛，徐扬，2007. 软计算方法理论及应用[M]. 北京：科学出版社：57.

的是所把握对象与其对应集合之间的隶属关系，这些所把握对象不是跨类的，而是同类归属的。显然，如上所述，我们在强调粗糙集方法的理论优越性的同时，并不能忽略和排除其他种类的软计算方法所具有的理论特长与优势。从纵向来看，自 20 世纪 80 年代帕夫拉克初步提出了粗糙集理论的构想以来，在数据分析的实践过程中，科学家也发现了粗糙集理论在缺失值处理和特定目标选择方面所存在的理论局限性，为此他们一方面试图不断完善粗糙集理论本身的形式构造，而另一方面也逐渐尝试着构建起将粗糙集理论与其他的软计算理论相融合的可行性路径。

第一，理论分析路径的封闭性与相对性。粗糙集理论所采用的连续属性值离散化方法在很大程度上具有应用语境的条件约束性和局域性特征，这意味着由离散化所导致的数据约简和规则提取路径总是相对的，而非绝对的，我们很难确定一种稳定的、恒态的离散路径。因此，从粗糙集理论的应用效力和范围来看，其方法论优势的进一步提升必然会要求将粗糙集理论和模糊集、进化遗传等算法以适当的方式结合起来，这是粗糙集方法进一步创新与发展的必由之路。事实上，当代科学哲学的历史主义流派认为，任何科学理论都是一定语境化条件、要素综合作用下的产物，这些条件和要素具有暂时性、有限性、相对性，由此科学理论的真理性便成了一种具体语境之中的产物和结果。因此，任何科学理论在语用层面上与其他的科学理论之间并不是相互排斥的、矛盾的，而是存在着重叠、交叉的关系和作用的，不同的科学理论依据所解决的实践问题不同，这在彼此之间形成了互补和协调的整体态势，"因此为得到精确的决策规则，必须把粗糙集理论和其他数据挖掘方法结合起来"[①]。

第二，理论构造形式的静态性与迟滞性。粗糙集理论的可约简属性在组合数量与规模上很难控制，它在应对海量数据和不断膨胀的信息库系统时存在迟滞和延迟效应。特别是，目前在理论形态上粗糙集所擅长处理的是相对静态化的数据库，它很难在不断变动的数据库状态中做出积极的、高效的反应。在这一点上，对于科学哲学而言，它本身是建立在观察、实验与事实发掘基础上的一种高度抽象化的语言表征，这种语言表征既为特定时空范围内的科学实践提供了重要的前提与基础，从而能够推动科学的探索与发展。另外，科学理论的语形表征也具有局域限制性和保守性。其原因在于，一旦科学理论形成了规范的表征体系，它就必然会将一定条件约束下的规律、法则加以固化和确定，这种固化确定性既是科学理论方法论效力提升的必经环节，然而它也容易造成实践与理论、事实与形式之间的脱节。这充分说明了，粗糙集理论虽然有其特定的方法论优势，但是它在

---

① 纪滨，2007. 粗糙集理论及进展的研究[J]. 计算机技术与发展，3：71.

数据处理方面并不是万能的、绝对的——数据与信息存在、表现状态的丰富性和无限性鞭策并推动着粗糙集理论在扩展语形边界、丰富语义内容方面不断地做出更大的努力，"当粗糙集方法与其他软计算方法结合起来的时候，它在实践当中的应用才能够达到最佳的状态"[①]。

第三，理论应用空间的单一性和局限性。粗糙集的数据约简能力固然使其在很大程度上能够摒弃和排除掉无关的冗余数据，从而提升数据的局域处理能力，但是这种能力提升的代价就是其容错性受到了很大的影响和制约，从而使得粗糙集理论在面对多目标并行的低精度数据环境时难以胜任特定任务目标的达成。与之相关，在科学研究的过程中，善于思辨和探究问题本质的科学家发现，科学理论的形式体系越规范和成熟，它在实践层面上操作与应用的效力就越高，这意味着形式规范的科学理论发生问题、出现矛盾的概率被大大地降低了。另外，科学理论的形式体系越精致和完善，它所携带的语义内容就越少，从而使其距离实践层面上的语境现实就越来越远，这使得科学理论的语形体系与其语义内容之间呈现出一种反比例的关系，而这一点在粗糙集理论的方法论效力方面表现得特别明显，"粗糙集是一种脆弱的集合，它逐渐变成了一种不具有精确性的传统数学集合"[②]。

第二节　软计算的"随机性"

软计算的不确定性特征表现在随机性、模糊性、相对性和粗糙性等诸多方面，而后者实际上都是有关于不确定性的不同层面内涵的揭示或反映。其中，软计算的随机性形成了与软计算其他方面不确定性特征的鲜明差异，它特指定义明确而由于条件不充分导致事件结果未发生的一种现象。显然，从哲学的层面上来看，软计算的随机性现象考察所持有的是一种动态的、演变的、过程的视野，它力图在变动的数值分布范围内去做出近似的、可能的描绘和推理，在其中蕴含着偶然性与必然性、现象与本质、可能性与因果性等深刻的哲学意蕴。

一、软计算"随机性"的思想渊源

软计算方法之所以要在计算展开的过程中引入概率论和概率推理，其主要原因

① DYMOWA L, 2011. Soft computing in economics and finance[M]. Berlin: Springer-Verlag: 13.

② SHUKLA M, TIWARI R, KALA R, 2010. Real life applications of soft computing[M]. London: Taylor and Francis Group: 135.

在于这是事物随机性的一种客观反映与表征。在英语当中，随机性即 randomness，而随机性现象在现实世界当中是非常普遍的——无论是在自然科学当中，还是在社会科学当中，我们都可以发现其踪迹，它既不是一种完全不可能的事物状态，也不是一种完全必然的事物状态，而是介于两者之间的一种事物中间状态，"随机性在自然的进化过程中发挥了重要的作用"①。究其根源，事物在本质上是确定的，然而作为其表象的发生或者出现却是不确定的，为此我们就需要以概率的方式来加以描述，因而概率具有客观的可度量性。在这里，概率是一种基于数据多样性、反复性和丰富性基础上的近似反映，而为了对这种近似性给出恰当的解释，我们就需要采用严格的统计分析的方法来加以明确的表征，在其中统计规律具有支配性和整体性，它使得事件发生的随机性现象呈现出一种在逻辑上可理解的状态。

在绝大多数情况下，随机性是事物本身的一种内在属性，"内在的随机性根源在于决定论系统的非线性特征"②。也就是说，内在随机性是事物本质的一种深刻反映，它表明任何事物都是一种确定性与随机性的有机统一。从唯物辩证法的角度来看，客观世界的存在是现实的，其中任何事物都表现为内部对立统一的关系和状态。在哲学层面上，事物内部的对立统一是矛盾规律的具体表现，而正是世界的矛盾运动使得事物始终处在一种运动与变化的过程之中。在这个过程中，事物因果相继的连续状态之间很难持续地保持一种稳定的、确定的、线性的状态，在大多数时候这种状态都是非确定的、变动的，这使得事物的随机性成为一种常态化的现象表征。一般来说，关于事物的随机性现象所具有的普遍性特征表现在以下几个方面。

第一，无论事件出现的结果表现如何，这一事件应该在逻辑上具备可复制性和重复性。也就是说，随机性是一种特性的表征，它本身不是一个独立的实体，而是必须附属于客观的事物。在现实世界中，同一个客观事物的表现形态和类型是多种多样的，然而我们必须在实证的层面上保证该事物能够以操作的方式来加以执行，这其中既包含着主体的能动性干涉和作用，同时也蕴含着近代以来自然科学的实证性要求，这在认识论的层面上为随机性赋予了充分的可靠性，"（随机性）表示主体对客体的不可预见性和相对的不可决定性"③。在现代科学的发展与演变过程中，实证性作为科学地位稳固性的一个基本保证，被人们给予了充分的肯定。然而，在此过程中科学的理性判断、推理和洞见同样发挥了重要的作用。对于随机性现象及其特征的认知而言，科学的理性推演与实证的经验支撑共同构

---

① ROY S, CHAKRABORTY U, 2013. Soft computing[M]. London: Dorling Kindersley Pvt.Ltd: 3.

② LI DY, DU Y, 2007. Artificial intelligence with uncertainty[M]. London: Taylor and Francis Group: 46.

③ 黄欣荣，2005. 确定性、随机性与复杂性[J]. 系统科学学报，2：17.

建了一个动态的、整体的认识论框架。

第二，在类似的语境条件和要素的约束作用下，会产生基本相似的事件，尽管这些类似事件并不完全重合，然而却必然会均匀地在形态上分布在特定的范围之内。我们知道，因果性规律是认识论的基本法则之一，近代以来休谟曾经对事物之间的因果关系给予了怀疑论的批判，从而使得因果性规律在经验的层面上受到了动摇；在休谟之后，康德为了重建人类科学认识的大厦，把因果性规律放在了先验逻辑的范畴当中去加以考察，从而以一种能动性的方式赋予了因果关系以现象世界当中的可信地位。现代科学表明，因果关系不是人头脑当中的一种单纯的主观构造，而是人与世界之间在相互作用的过程中对于事物关系的一种实在判断。因果关系是普遍的，然而其实现路径却是多样的，这反映了人与世界之间是一种确定性与不确定性的统一，而随机性本身也是一种确定性与不确定性兼容的矛盾统一体。

第三，随机性事件在表现形态上有其偶发性、独立性特征，然而借助于科学的分析我们仍然能够清晰地把握特定事件的发展路径、方向等规律性本质。这也就是说，事件发生的随机性不等于其任意性、无规律性，随机性本身是客观的，而我们通常所说的随机性实际上是对于作为外在表现的某一类事件特征的总体评价和度量。因而，我们就不能说表面相似的这样一类事件是不合逻辑的，因为在表面矛盾的事件背后所蕴藏的恰恰是合乎规律和法则的事物本质。以天体物理学当中的引力波发现过程为例，科学家需要采用大型的天文望远镜和庞大的计算分析系统来把握到达地球的超远距离微弱引力波效应。为此，美国激光干涉引力波天文台（LIGO）设置了两台记录干涉仪，这两台干涉仪的主要作用即是对比确认引力波的存在，以排除地震和其他信号源的干扰。[1]显然，出于对引力波探测进行充分确证的目的，科学家所设置的这种类似对比的仪器设置能够在很大的程度上排除现象表征的随机性，从而真正地探究事物的本质。

总体来看，软计算的随机性认知特征表明了人类在世界观与认识论进步、发展的过程中对于事物本质的深刻把握。众所周知，在人类对于自然和宇宙进行认知的漫长历史进程中，曾经产生过多种具有深远影响意义的认知模式，而这些认知模式也曾经切实地指导着我们进行改造世界的实践活动。从历史上来看，18 世纪以后，牛顿的机械力学世界观曾经非常深刻地影响人类认知世界的

---

[1] 2016 年 2 月 11 日，美国激光干涉引力波天文台组织正式宣布确认引力波的发现，从而回应了 20 世纪初著名物理学家爱因斯坦关于广义相对论当中引力波的预言，被学界誉为是爱因斯坦广义相对论的最后一环。然而，值得一提的是，2014 年初，天文学家就曾经宣布过探测到原初引力波（宇宙大爆炸踪迹），然而天文学家却最终放弃了这一结果，认为所探测的结果只是源于宇宙微小尘埃，这充分说明了随机性现象规律证的重要性。

具体路径和方式。例如，机械力学体系的决定论世界观强调宇宙和自然的绝对确定性、稳固性特征，认为世界是一个被力学所主宰的确定存在，机械力学是唯一的宇宙存在属性，这使得宇宙成了一种预定的、严格的理性存在，随机性现象由此就被排除在外。然而，我们应当指出，牛顿的机械力学世界观更多的是在本体论的意义上而非在认识论的层面上获得其影响力。也就是说，决定论的思想一旦被置于了本体论的范畴当中，就很容易使得我们的思想陷入极端。相对来说，认识论层面上的决定论思想就显得相对宽容，它更多地是以一种事物规律性特质的认定和探析作为自己的认识论法则，这就使得我们能够更多地在方法论的层面上选择更为灵活的认知路径和策略。进入 20 世纪以后，量子力学的产生和提出首先就对本体论层面上的机械决定论产生了极大的冲击，其原因在于：量子力学的分析对象在测量的层面上是不确定的，其中对象的量子态以概率统计的方式来进行描述和刻画，而个体对象的时空定位也并非其本身的确定特性，而成了一种测量的结果。这样，由于测量的变动性，所获知的测量结果也往往呈现出一种概率分布的特征。当然，我们也必须承认，量子力学对于概率随机性的强调，从根本上并没有否认因果性规律，只是在认识论上丰富了因果性规律的多种实现路径和形态。例如，从认识决定论的视域来看，哥本哈根学派的测不准原理所表明的粒子测量的不准确性只是表明了由于工具中介的局限，我们在现有的技术和科学水平下难以直接地把握粒子的精确特征，这并没有从根本上否定微观粒子本身的运动规律。因而，量子力学测量的随机性特征更加表明随机性与规律性、偶然性与必然性本身就是一种不可分割的、具有必然性的内在统一体。

二、软计算"随机性"的理论内涵

在硬计算当中，没有随机性存在的地位和空间，其原因在于硬计算与软计算从根本上持有不同的世界观。对于硬计算方法而言，它所认知并加以应对的是一种绝对的、线性的、有着明确边界的计算对象，这种计算对象本质上反映的是一个稳定的、没有变化的世界。因此，在这个世界当中的一切事物、现象都可以以符号表征的方式加以清晰的推演——硬计算方法认为由此便能够解决一切现实的问题。在软计算方法看来，事物之间的关系是复杂的、多样的，而原因与结果之间也不是一种简单的、直接的对应关系，某一种原因有可能是由于其存在的环境、条件的不同而产生不同类型的结果，这些结果实际上就是一种特定语境的产物。然而，由原因而引发结果的条件也不是主观的、随意的，这些条件同样具有客观性，并且彼此之间具有各种内在的关联，这使得其结果在概率上的分布也呈现出一种规律化、结构化的态势。

从数学的角度来看，随机性表示以某种概率表征的事件集合之中所包含的具体事件的不确定性特征，"概率建立在一个随机性事件概念的基础上"①。从概率论的角度来看，事物产生的各种语境条件和要素处于一种潜在性的、基础性的地位上，在这些条件和要素的综合作用下，事物现象往往呈现出一种复杂的、纠缠性的状态。为此，概率论力求在这种偶然的、不确定的事物发生状态当中去把握事物在本质上的规律性，"概率论是对于随机性进行研究最为有效的工具"②。历史地来看，现代概率论在计算思维的角度上已经超越了严格形式主义的绝对性和狭隘性，开始去把握在世界的绝对确定性和不确定性之间的事物的中间状态，而这种中间状态恰恰是一种现实世界的事物普遍特性。然而，概率论思想对于随机性现象的探究并非一种纯粹现代思维的产物，实际上对其哲学层面上的考量自古就有，并且经历了一个漫长的历史发展过程。

从人类社会实践的角度来看，对于随机性现象的概率性思考是人在与世界、自然交往的过程中一种自然而然的产物。首先关于世界到底是确定的还是不确定的这一点，古希腊的哲学家形成了不同的观点。然而，总的来说，这一时期的哲学家所寻求的是关于世界的稳定性和统一性（尽管这种探究是以一种朴素的信仰和理解表现出来的），关于事物随机性和偶然性的自然观意义并没有得到重视。例如，古希腊哲学家泰勒斯就把水看做是世界的本原，认为世界是从水中产生而来的；毕达哥拉斯则将神秘的"数"看做是世界的本原，认为"数"决定了世界运行、发展的规律和法则。到了亚里士多德时期，基于对事物现象规律和法则的深刻洞察，他开始从逻辑的层面上对事物的随机性现象给出具体的分析。例如，亚里士多德认为，关于事物的现象可以分为三种不同的情况，即具有必然性的确定事物、可能性事物及偶然的不可知事物。那么，对于这种偶然的不可知事物（随机事物）应该如何看待呢？亚里士多德在这个问题上完全持有一种否定的态度，他认为偶然性（随机性）事物是不可认知的，因而是没有意义的。

显然，如前所述，在人类科学意识和精神尚未崛起的西方古代社会中，对于世界在物质和精神层面上统一性追求远远胜过了对于随机性问题的重视，这是完全可以理解的。随后，在伊壁鸠鲁那里，关于事物存在的偶然性、随机性特征才以一种原子偏斜运动的叙说方式真正地得到了承认。事实上，是斯多葛学派全面地引起了人们对于随机性问题进行概率性思考的重视，如斯多葛学派认为个体的事件并不是无意义的、盲目的，它们是有机世界的必然组成要素，

① BENNETT D J, 1998. Randomness[M]. Massachusetts: Harvard University Press: 9.

② LIU Y, CHEN G, YING M, 2005. Fuzzy logic, soft computing and computational intelligence[M]. Beijing: Tsinghua University Press: 1540.

在世界的整体运行机制当中扮演了重要的角色。在此过程中，既然因果性规律作为普遍法则主宰着世界的变化与发展，那么就应当承认随机性事件同样也是世界因果性链条当中的一环，它们同样遵守着世界的因果律法则。因此，对于两个在因果律上具有同样可能性的事件，我们就不能武断地指出其中某个事件的必然性发生，"主宰人类生活的三种力量包括人类和上帝的意志，以及随机性" [①]。在西方文艺复兴运动之后，到了十七八世纪时期，莱布尼茨的可能世界理论与现代概率论的核心思想已经有了较为紧密的关联，而随后拉普拉斯的机械力学世界观虽然奉行严格的宇宙决定论立场，但他仍然肯定了概率论原理在世界构造过程中的重要性。进入 20 世纪以后，基于对大数定律和中心极限定律的反思、发展和推演，人们开始将随机性问题与科学决策问题、科学统计问题乃至于当代博弈论的思想深入结合起来，从而使其在自然科学和社会科学的发展过程中发挥着越来越重要的作用。特别是在凯恩斯那里，随机性的概率分析开始与逻辑理论有了内在的关联，而概率关系也成为一种或然推理的理论基础。即使是在逻辑实证主义那里，关于随机性的概率问题也仍然被赋予了一种可包容的态度，如赖欣巴哈（Reichenbach）强调从测量结果考察命题概率的重要性，而卡尔纳普则将概率视作是归纳逻辑的前提，并且用数理逻辑的方法构造了一个概率确证的逻辑系统。

通常来说，软计算的随机性算法也被称为是蒙特·卡罗方法（Monte Carlo method），这种方法在与计算机科学相结合的过程中发挥了巨大的效能，它使得传统的确定型图灵机（Deterministic Turing Machine）开始转变为概率型图灵机（Probabilistic Turing Machine），从而在随机性数据的处理能力上取得了巨大的突破，"于计算过程中引入随机性能够提升算法的计算能力并提高计算效率" [②]。我们知道，当代科学发展的一个显著发展趋势就是科学研究对象的日益复杂和科学研究数据的日益膨胀，这种趋势的出现一方面是人类认识能力和水平的提升，对于事物之间的相关性有了更加全面而深刻的认识，事物的多方面特征被更加清晰地揭示出来，这导致与分析个体相关的数据量急剧上升；另一方面是由于人类信息数据处理能力和网络联结的效率不断攀升，不断有个体信息、数据被整合进入了一张密集的、能够快速通达的网络结构之中，这对人类的科学计算能力提出了更高的要求。正是在这种情况下，软计算方法必须正面应对由数据量的膨胀和关系的复杂化而带来的个体随机性显现问题。也就是说，我们需要判断，计算分析的对象与个体究竟与其产生的语境条件之间是一种必然性的关系，还是一种随机

---

① THOMPSON A K, CHADWICK R F, 1999. Genetic information: acquisition, access and control[M]. New York: Kluwer Academic/Plenum Publishers: 317.

② 杨帆，郑建武，刘明生，2007. 随机性及其应用研究[J]. 计算机系统应用，2：18.

性的关系，而对于随机性关系的计算处理显然能够为我们拓展认识论视域和丰富认识论内容提供更加便利的工具。

三、软计算"随机性"的哲学特征

对概率的认识很早就出现了，从古代骰子的发明开始，人们便对随机性有了初步的认识。而到了近代，随着认识的深入，人们对概率的认识主要包括两个方面：一个是客观的事实，与偶然性的过程相关；另一个是认识论的，在缺乏完全认识的情况下，人们对结果的合理预期，有很强的主观性。惠更斯试图从博弈论的数学预测角度来发展一个纯数学的概率理论，其中主要是在客观性的范畴里，在严格的数学框架下发展概率的基本数学理论，没有主观的成分。而在莱布尼茨看来，必须脱离绝对的数学，在认识论的角度才能认识概率性和随机性的实质。莱布尼茨作为一个严格的决定论者，他认为本质上不存在绝对的随机性，所以看似随机的、不可预测的事件都是由于人们认识的不足，在全知的上帝看来完全不存在不可预知的概率事件。因此，赌博中的机会和概率并不是一个客观的物理特质，而是一个主观的构成性的知识。[1]1814 年，拉普拉斯在他关于概率的论述中对概率进行了一般性的定义："机遇理论在于将同一类的所有事件都归结为一定数目的等可能情形（即我们对其存在同样地不能确定的可能情况），并且还在于确定出对欲求其概率的事件有利的情况的数目。此数目与所有可能情况数目之比就是对所求概率的测度。"[2]之所以会出现各种可能性，并不是由于世界本身的规则是随机的，而是说人认识的非充分性，和莱布尼茨一样，拉普拉斯坚持决定论的思想。由于受到牛顿定律的启发，他认为无论是宇宙中的天体，还是自然中的人类行为都受到一定法则的支配，在固定的规则下运行，自由意志只是表象。从整个宇宙的视野来看，不存在不确定性和随机性，只是由于人类认识的局限性，无法认识到全知的知识，所以只能获得有限的前提，仅能给出一个概率性的预言值。以上的讨论中，人们将确定性和随机性作为对立的事物看待，而事实上与确定性对立的不确定性不仅来源随机性，还来源模糊性和复杂性，那么随机性与模糊性、复杂性的关系如何，下节将分别进行讨论。

第一，随机性与模糊性的关系。从哲学上看，模糊性和随机性代表着两种截然不同的不确定性，在软计算中这两个概念也极其容易混淆。随机性与模糊性同属于不确定性的范畴之中，然而两者之间在内涵上却存在着很大的不同。以随机

---

① 季爱民，2014. 概率两重性探讨[J]，铜陵学院学报，1：84-88.
② 邓生庆，任晓明，2006. 归纳逻辑百年历程[M]. 北京：中央编译出版社：73.

性而论，与其相对的是事物因果关系的必然性。也就是说，随机性在哲学层面上更多地表现为偶然性，它产生的根源在于作为原因的事物受到各种环境要素的影响而导致了结果的不确定性。对于模糊性而言，它是指事物本身在确定与不确定之间的一种程度状态，是事物内在的一种固有属性。可见，模糊性偏向于描述事物内在的属性，而随机性偏向于描述事物外在的属性。事物存在的随机性表明，事物本身是确定的，有着清晰的定义，然而由于与其相关的各种条件的不健全、不完备，事物与事物之间没有呈现出因果关系来。从人类认识的发展来看，在很长时间内人们并没有对模糊性和随机性进行清楚的认识，把不确定性等同于随机性。而实际上模糊性和随机性本质上是完全不同的，是两种完全不同的不确定性的表现。①

首先，从两者的内涵和本质来看，和随机性相对的是必然性，而不是确定性，确定性只是描述一种静态的状态，而必然性是从时间向度上确定了未来变化的趋势。同样，与模糊性相对的是精确性，而非不确定性，不确定性描述的范围更为宽泛。模糊性的产生源于对事物本身类属和性质的无法区分，而随机性则是伴随着概率性关于事件未来特性的预测。比如鸭嘴兽，它既有哺乳动物哺乳的特性，又有两栖类产卵的特性，哺乳类和两栖类本是两类界限分明的划分，各自有自己明确的特征。但是，鸭嘴兽偏偏兼有两者的特性，将其划分在任何一类中都显得不合适，因此产生了模糊性，模糊性需要处理的是性质归属问题。如在抛硬币时，在没抛之前我们也确定地知道最终结果不是正面朝上就是反面朝上，不存在既是正面朝上又是反面朝上的中间状态，甚至最终结果的分布概率我们也知晓，但是我们不知道的是单次的结果究竟是什么。因此，随机性的产生来源提前预测事物结果，而结果无法必然性的知晓，从而导致不确定性。

在运用软计算时，如果是模糊性我们就需要对其质的区别和类属进行分析，从而确立相应的隶属函数来给每一个模糊对象的属性赋予一个数值，而如果是随机性的性质，我们只需对所有可能的结果进行概率的分布描述即可。这样，我们就能在计算中进行分类和归属，从而大大提高计算的效率。

其次，从产生的逻辑过程的视角来看，随机性的出现，主要在于人们认识的时间逻辑序列中因果律的破缺。从初始状态到最终状态，某个过程和环节人们无法全面地认识而造成的不可预知。而模糊性逻辑上则来源传统二值逻辑的描述缺陷，在经典二值逻辑中，只有 0 或 1 两个基本要素，一个事件要么是 0，要么是 1，不存在既是 0 又是 1 的中间状态，这就是逻辑中的排中律。但是，在模糊性中却天然背离排中律，因为一个模糊性的对象往往不是非此即彼的问题，没有哪一个

---

① 李晓明，2001. 模糊性：人类认识之谜[M]. 北京：人民出版社：11.

确定的集合可以对它进行完备的描述。我们的描述语言中涉及的模糊命题，需要在传统逻辑的基础上进行扩展，诸如好与坏、多与少、高与低，以及表示不同程度的很、非常、稍微等，需要在一定经验的基础上进行更加复杂的描述。而要描述模糊性单纯的概念上的认知还差得很远，必然需要更多的技术性的方法，这必然也会引入随机性等概念相互结合，来给出具体的表示，目前这方面的描述虽有所进展，但是还有很长的路要走。

最后，从具体的表示方式来看，随机性更多反映地是一种量的规律，而模糊性则涉及事物质的属性。从某种程度上讲，随机性之所以出现就在于人类认识所想要认识的和人类能够认识的范围存在某种鸿沟，在实验上我们确定一定的初始条件，控制其中的所有过程，观察最后结果的分布，要弄清实验内在的规律是很难的，甚至是不可能的。就如量子力学中所显示的那样，人们说不清电子散射分布背后究竟有什么样的规律在支配，玻尔干脆否认有这样的决定性的规律，而将随机性认为是根本性的、本质的。而玻姆和爱因斯坦等则认为电子分布的背后有一个实在的规律，可能是某种导波控制着电子的运行，但是至今也无法证实。随机性是经过大量的重复性的观测、实验，最终得出的规律性，其一般只涉及一定的数量关系而非本质的认识。模糊性则与事物本身出现的频率次数无关，它关涉的是事物质的内在属性，而且还涉及人类的认识和语言描述，关涉语义问题。扎德认为，人类推理所依据的是信息本身质的可能性关联，而非概率性。

因此，在软计算的描述中，我们虽然用一些数值描述了个别模糊的特性，但是我们必须意识到，模糊性涉及事物质的描述，我们无法对其给出充分的描述，因此一些隶属函数本质而言都是一种实用主义的描述，其根本目的在于解决问题，而非刻画事物的本质。①在软计算中意识到模糊性和随机性的区别非常重要，通过界定某种性质的分属究竟是模糊性还是随机性，我们就可以选用完全不同的方式进行描述。模糊性的事物可以用模糊逻辑和模糊推理的算法进行描述，通常随机性的事物我们便不需要再进一步认识其本质属性，而是用概率统计的方式进行描述。

第二，随机性与复杂性的关系。还有一种不确定性的方面——复杂性，随机性的出现经常与无序性、不稳定性等概念联系在一起，而这些都和复杂性有着千丝万缕的联系。在事物变化和运动的过程之中，经常会出现偏离和偶然等非线性的事件，最后造成人们在主观上无法对客体本身的发展结果做出预言。人们一般都认为随机性和复杂性是等同的，而实际上二者是有区别的，并非想象得那么简单。那么什么是复杂性，复杂性和随机性又有哪些区别和关联？

---

① 杨灿，2001. 统计学与现象的随机性[J]. 财经问题研究，9：14-19.

复杂性一般是在混沌科学的范畴里进行定义的，如果脱离了特定的科学范畴复杂性一词是很难用直觉经验进行定义的，因为人类认识不清的事物，不一定很复杂，看似复杂的事物也不一定不可认识，因此无法在不可认识或很难认识这个认识论的角度和复杂性之间画等号。在混沌科学中，复杂性指的是整体和部分之间的一种非线性、非简单加和的形式，整体和部分之间的非对等关系，造成我们既无法通过考察所有部分来认识整体，也无法在认识整体的基础上去认识部分。整体性的大系统中，对个别部分的变化非常敏感，可能稍微改变初始条件，最终的结果就会完全不同。

对于随机性和复杂性的关系，一种观点认为，复杂性和随机性是等同的。随机性本身的随机程度，以及随机出现的层次，最终度量着系统的复杂程度。另一种观点则认为，复杂性和随机性并不相同。一件事只要被归到随机性的范畴，那么我们对它的认识可能仅仅停留在一种关于数量的认识，而非本质的把握。一个猴子在键盘上胡乱敲打，这无疑是一个完全随机性的事件，它可能会敲出各种无意义的符号，但是从理论上讲猴子是有概率敲出一整部《哈姆雷特》的。而同样的，莎士比亚也能同样敲出这部作品，可能用几天最多几年就能完成，而猴子要完成可能需要上百万年，甚至上亿年。猴子的随机性显然要比莎士比亚大得多，那么是不是意味着这个过程更复杂，显然不是。

一个完全随机的事件与复杂性并无任何关系，我们这里讨论的复杂性应当是一种有效的复杂性。所谓的有效性指的是其背后一定的规律性作为支撑。[1]在随机性之中也有有效和无效之分，如量子力学中表现出的随机性，并不是完全无序的，一个电子的散射图像虽然不是确定的，但是其随机性的背后也有一定规律为背景的，其特定的概率分布可以不断地重现。而在计算机中引进随机数时，这个数字是完全随机的，基本上没有什么可以再现或重复出现的规律可言。同样，在复杂性中，完全的随机性不可称其为复杂性，我们需要在复杂系统中筛选和甄别出其中有着规律性的现象，去掉完全偶然性。[2]在复杂性科学中，事物往往会呈现出一定的图示，尽管这种图示无法完全地认识，但这种有效的复杂性并不是随机的。它的出现总会伴随着一定的模式，而这种有效度要想处在复杂性的范围内，就不能太高也不能太低，太高表示呈现出极高的规律性，已经可以认识和把握其规律，太低表示处于接近随机性的范围，无太多规律可循。因此，可以这样理解，复杂性是介于确定性和随机性的一种中间状态，处在有序和无序的中间地带，一旦认识清楚就脱离了复杂性的领域了。

---

① 黄欣荣，2005. 确定性、随机性与复杂性[J]. 系统科学学报，2：16-18.
② 吴彤，2002. 论复杂性与随机性的关系[J]. 自然辩证法通讯，2：18-23.

第三节　软计算的"模糊性"

随着科学技术的发展，在以逻辑推理和实验为基础的科学方法的推动下，人类开始追求确定性和客观性，在理性的引导下去寻求世界确定的、客观的规律。科学逐渐发展成一门关于知识的线性积累的事业，一个严格的、精确的、不以人的意志为转移的事业。确实，量化和数学化的方法极大地促进了当代科学的发展，然而我们也必须意识到在复杂的现实生活中，还存在大量的无法用数学化方法描述和处理的事物。它们在本质上就是模糊的、无法数学化的，于是这些概念和现象被排除出科学领域，成为人文学科的研究内容，从而导致了人文和科学的对立。

为了对现实中的这些模糊关系进行描述，1965 年美国扎德教授提出了模糊集的概念。这一概念打破了传统数理逻辑的（0，1）二值逻辑基础，首次用定量化的方法描述现实中的模糊关系，为软计算方法及人工智能的进一步发展提供了逻辑基础，使得一部分模糊化的事物可以进行科学的描述。[①]本节将从哲学的角度分析模糊性的起源、内涵、本质，并对软计算关于描述模糊性的方法论意义进行评述。

一、软计算"模糊性"的思想渊源

软计算所运用的模糊逻辑和模糊推理是人类首先用逻辑化和科学化的语言对模糊性进行描述的开端，但是对模糊性概念的认识可以追溯到两千多年前。从古希腊最早的哲学探究开始，人们便希望寻求对世界本身的性质及世界运行规律的认识和把握。纵观人类历史，人类的思想认识经历了很大的变迁，从最初的原始社会到现在的文明社会，人类的认识逐渐从最初的、朴素的认知，发展到宗教、神秘主义，再到现在的科学主义，无论人类的认识经历了何等巨大的变迁，有一点是不变的，即都是从纷繁复杂的现象中抽象出一定的规律性，这种对规律的认知和理解，嵌入到了整个人类文明的发展之中。可以说，人们认识的基本规律就是从未知的、模糊的日常经验中，抽象出确定的、可重复的规律性认识。在古代，由于人们的自然科学知识非常匮乏，便将很多难以理解的事情归结为命运或者神的主宰，这样就为很多现象找到了最终归宿。人类天然恐惧未知的事物，尽管在现在看来他们的认识非常荒谬，但是毕竟通过这种归因，整个世界的运行规律纳入到了他们的认知系统之中，将他们从未知的泥潭中解脱出来。

到了近代，随着科学技术的发展，在以逻辑推理和实验为基本的科学方法的

---

① 苏运霖，2003. 软计算和知识获取[J]. 广西科学院学报，11: 165-170.

推动下，人类的认识也发生了巨大的变化，摆脱了中世纪宗教思想的束缚，开始追求确定性和客观性，在理性的引导下去寻求世界确定的、客观的规律。伽利略曾说，只有一个学科可以被数学精确的描述，才能称为一个成熟的学科。也就是说，如果一个学科仅停留在定性描述的阶段，是无法成为真正的学科的，因为这样的学科对于各种问题都能给出描述，而且总是用一些相对较为模糊的概念进行分析和说明。这种现象在人文科学中变得非常突出，从而导致了人文和科学的对立。在这种科学主义的感召下，20世纪哲学界掀起了一场轰轰烈烈的逻辑实证主义运动，以石里克、维特根斯坦、卡尔纳普等为代表，主张用逻辑的方法对哲学进行彻底的改造，去除传统的、形而上学的哲学，发展出一门科学的哲学，一门用科学方法武装的哲学。至此，科学主义发展到了极致，追求精确的、逻辑清晰的知识，放弃模糊的、带有主观倾向的形而上学知识。然而，正当逻辑实证主义者试图用逻辑的方法去构建一个普遍适用的公理体系时，罗素悖论和哥德尔的不完备定理给了他们沉痛的打击。1931年，哥德尔在形式数论体系中推导出了他的不完备定理，这证明了即便将初等的数论形式化，也总可以在整个演绎系统下找到一个命题，使它在形式系统中既无法证明为真也无法证明为假。1940年，他又进一步证明在连续系统假设中，假设选择的相容性。总之，不完备定理的出现，打破了严格形式主义的迷梦，动摇了形式主义的基础。后来在科学哲学界，随着证伪主义和历史主义的出现和兴起，波普尔和库恩都看到了逻辑实证主义的局限，并在批判的基础上提出了他们的观点，使科学哲学的发展产生了转向，逻辑实证主义逐渐衰落。尽管如此，虽然极端的科学主义观点逐渐衰微，但是整个科学还是沿着科学主义的思路进行着。

不过，在人类的认识发展过程中，与科学主义追求确定性、精确的知识相对的，还有一种不确定的、模糊的知识普遍出现在人类历史中的各种神话、宗教、文学等作品中。这种模糊的、文学性的描述经常被当做落后的、蒙昧时代的产物，是与科学完全对立的人文学科的研究内容，在科学研究中模糊性的知识几乎没有任何价值。但是，随着当下计算科学的迅猛发展，特别是在人工智能领域，传统的人工智能的核心就在于基于符号系统和逻辑规则去模拟人类的智能。人工智能最初在1956年的达特茅斯（Dartmouth）会议上被提出，人们一直追寻着基于计算符号主义的人工智能，相信只要计算系统足够发达，硬件足够强大，人工智能终会实现。[①]因此，在相当长的一段时间，人工智能一直是局限在计算机科学领域内发展的，不断地通过模型化和符号化处理实际遇到的问题。通过编程计算机解决了大量人类无法解决的难题，而且计算机的运算速度惊人的迅速增加，信息技术取得了极大的发展。复杂耗散结构及混沌理论的发现表明，

---

① 周涛，2006. 软计算与人工智能[J]. 福建电脑，1：55-56.

世界上事物之间的关联拥有本质上的复杂性，大量的变量集合起来之后对于很小的变化都非常敏感，要想表示所有变量是完全不可能的。这种以形式符号为基础的人工智能仅可以处理静态的、逻辑化的问题，显然与人脑左右脑逻辑思维和直觉思维的模式不同。试图给机器灌输一套百科全书来解决问题的方法显然是走不通的，最终在 20 世纪 80 年代这种依赖符号化的人工智能陷入困境。20 世纪 90 年代之后，人们对复杂性科学中的不确定性、非线性关系的含义和计算方法有了较多的了解，进一步认识了非经典的模糊逻辑。1994 年，软计算的三大分支模糊系统、神经网络及进化计算联合举办了首届计算智能大会，对基于软计算方法的人工智能给出了全新的定义，并达成了普遍的共识，这标志着计算智能方法和理念的全面确立。①

二、软计算"模糊性"的理论内涵

模糊性的概念是相对于精确性的概念提出来的，在传统的二值逻辑中，只有界限和定义清楚的概念才能用逻辑进行描述，可以精确描述的事物一般在语言上都拥有相对明确的内涵和外延。②只有可以用二进制数——对应的事物才能在逻辑中进行推演，如果用逻辑符号表述时一般都会收敛于一个特定的值，如未成年人的界定。根据法律规定都以一个明确的年龄为界限，如我国将未成年人界定为 18 周岁以下的公民。一个人只要确定其年龄就可以明确的确定是否属于未成年人。相比于可以精确描述的事物，日常生活中更多的事物是无法用二值经典逻辑来描述的，模糊逻辑的提出就是为了对界定模糊的概念进行数学处理。但是，我们也必须承认模糊逻辑和模糊推理确实为一些模糊性事物的描述提供了可能，但并不是说模糊逻辑可以完美地描述各种模糊性事物，模糊逻辑可描述的也是有很大局限和困难的。为了进一步理解对模糊性可进行数学描述的界限和范围，我们必须对模糊性本身的含义和本质，从本体论的角度进行详细的讨论。

第一，模糊性的基本内涵。从科学的角度来看，知识必须是确切的、可测量的、可完全量化的，否则科学活动便无法进行。但是，从人的认识层面来看，即从人的认识产生和形成的过程来看，模糊性和可变性才是人类适应自然环境的基础。从本体论的角度看，可能确实存在着一些可靠的、固定的知识；而从认识论的角度看，正如康德所讲的，人类天然的认知能力限制着人类知识的获取，因此认识论上不存在绝对的知识。而幸运的是，正是这种认识的不确定性，大大增强了人们适应环境的能力。从认识活动形成的过程来看，从信息的获取，到大脑的分析加工，再到将想法用语言表达出来，明晰性的知识往往会大大限制人们沟通

① 苗东升, 2007. 关于模糊逻辑的几点思考[J]. 河池学院学报, 4: 5-10.

② ZADEH L A, 1965. Fuzzy Sets [J]. Information Control, 8(3): 338-353.

的有效性，而模糊性的表达方式和思维方式，则大大增加了人类沟通的有效性、多样性和深刻性。因为模糊性的方式通常是最简短的，如果将所有的含义都精确化必然会无限增加人们的语言量，而且需要大量的、背景性的描述，这样反而对沟通不利。在我们的生活中，运用模糊性进行认识的例子俯拾皆是。我们不需要仔细分析一个人的外貌特征就可以一眼认出熟悉的面孔；诗人往往能即兴创作出名扬千古的诗句；一个熟练的技术工人可以几乎无意识地进行各种生产活动，等等。如果问他们这些是如何做到的，几乎没有人能回答上来。反而是如果让机器人去从事在人类看来极其简单的活动，则显得困难重重，如最简单的对照片进行分类，至今也没有一个机器能够胜任。机器适合从事机械性的、程序化的工作，而人适合从事模糊性的、创造性的工作。无论是日常生活，还是科学活动，小到一个技巧的学习，大到一个科学理论的创立，理性推理的背后往往存在着大量的直觉和心理上的因素和活动，正是这种模糊的直觉推理，这种说不清道不明的机制，极大地影响着人类各种创造性活动的进行。

如果从人类认识的角度来看模糊性的基本特征，主要有以下几个方面。一是由于在特定地域和历史条件下，主体形成了不同的思维习惯和思维特征。比如，东西方人的思维方式具有极大的差异，同一个地域不同国家的思维习惯和文化也有很大的差异。二是主体价值观取向造成的思维主体的取舍差异。比如，一个追求个人价值的人，做事往往会注重个人价值的体现，而不太注重金钱和物质利益的获得；一个唯利是图的人，往往会为了利益而不择手段。三是主体心理和情感因素造成的选择差异。比如，一个感性的人往往会凭感觉做事，而不太考虑全面的因素，还有当一个人情绪激动时往往会做出不理智的行为等。

总之，模糊性是一种概念属性的存在。它本身的内涵是确定的，是事物的一种实在的属性；但它的外延不确定，它所描述的是事物的一种不确定的性质。模糊性描述的是一种概念的属性。[①]当一个概念不能用明确的集合规定它的外延，概念的某些对象（"边缘个案"）拥有亦此亦彼的形态时，我们就说这个概念具有一种属性——模糊性。苏珊·哈克认为，模糊性是指一个系统或事物的边界在应用上可以根据它的语境或条件不是固定的而发生变化的一个特性。[②]这意味着此系统在某些方面的性质是含糊的、不固定的、不精确的；这些性质是不清楚的，但却不是无意义的。同时，模糊性本身有明确的意义，这是说在运用这一概念时，可以用更精确的语境、小生态、小环境等来更加细化和规范化模糊性本身。那么，模糊性的实质又是什么呢？

第二，模糊性的实质。摆在人类面前的是一张由种种现象编织而成的大网，

① 李晓明，2001. 模糊性：人类认识之谜[M]. 北京：人民出版社：14.

② HAACK S, 1996. Deviant logic, fuzzy logic: beyond the formalism[M]. Chicago: University of Chicago Press.

人类经过几百万年的进化逐渐掌握了认识这张网上个别节点的能力，可以对不同事物的不同属性进行大致的划分，但这种划分的机制和原理又是什么呢？很难说清楚。客观世界是一个相互联系、相互作用，而且是在不断变化着的网络，而人类对世界的认知和刻画，在这个主客观的互动中反映着宇宙运行的基本规律。现代科学的电磁理论基础，世界的本原是由物质和场两种实体组成的；爱因斯坦的相对论指出运动和静止都是相对的，不存在绝对的静止；甚至以现代演化论的观点看，宇宙的运行规律本身也不是绝对的，而是经过亿万年演化出来的。因此，就客观世界来看，不存在绝对的、静止的、不变的规律。同样，人类的意识活动也是模糊性和精确性，确定性和不确定性的对立统一。正如前文所指出的，人们似乎天然就具有某种学习的能力，可以不经思考就识别出不同的事物，但是一旦要仔细考究这种学习和识别能力的具体过程和原因，就变得极其困难了。另外，对于两种不同性质的事物我们可以粗略地做出区分，其分别似乎也是很清楚的，而一旦我们进一步细致地研究，就又会发现两者的界限似乎又不那么清晰，特别是在边缘地带，这种区别几乎是不存在的，同时这种模糊性的刻画也是非常困难的。比如，在软计算中用隶属函数来对一个事物的性质用集合来进行描述时，青年人的年龄集合范围为 18～30 岁，中年人的年龄集合范围为 31～50 岁，乍一看这种描述似乎是合理的也是符合人们的常识的，但是仔细考察就会发现，这种区分还是过于机械，而且其边界区域难以区分。很多概念人们在使用时，往往会依赖于其所处的语境，其含义必须在一个特定的情境下才能做出一个相对明确的区分，这种情境主要有横向的、静态的属性类的区分和关联与纵向的、动态的时间变化两个方面。

首先，从横向的、静态的属性类的区分和关联来看，模糊性的实质就是事物类属关系的不确定性。事物本身并不存在区分和边界问题，事物仅是事物本身，无所谓联系的或者是间断的，只是人为地把握事物的类属关系，而从人自己的角度对事物进行了区分，以此来掌握世界的内在结构和关系。事物本身是相互对立统一的，互相联系、互相渗透的。而一旦主体对事物进行划分，就必然都会打上人为的烙印，使得事物在人类的认识中的连续性和统一性弱化，同时分类和区别也由于人为的因素而不可能存在绝对的、客观的标准。事实上，对事物的类属区分仅仅在较明显的区域才能划分清楚，而在边界领域这种区别往往是模糊的，不可区分的。比如，鸭嘴兽的存在，使得两栖类与哺乳类的严格界限被打破了；黎明天色微亮时分，使得白天和黑夜的区别被打破了。总之，世界上一切事物的关系和性质，无论是时间空间的联系，还是属性范畴的关联，都无法用一种简单列举的方式进行区分和进一步研究，我们不得不承认用这种方式认识的规律是有很大局限的。一种更加有效的方式是，在一个认知结构中，尽可能地将事物的层级和分类划分出不同的层次来加以研究。在边界区域内的事物，不再给出确定的归属，而是用一种模糊化的方法来进行简化处理，从根本上提高人类认识世界的能力。美国扎德教授提出了模糊集的概念，打破了传统数理逻辑的（0，1）二值逻辑基础，首次用定量化的方式描述现实中的模糊关系。在软计算中，扎德提出用隶属函数来描述模糊性的事物，但是就其本质而言隶属函数仍然是一个明确的归属划分，在具体的计算过程中，需要根据人们的经验预先将这部分知识植入到计算中，仍然是较为机械的、静态的。[①]因此，要对模糊化的事物进行描述，必须引入一种更加灵活多变，而且要不断学习的动态系统，目前计算智能学习领域在这方面取得了很好的进展，且仍有很大的发展空间。回到模糊性本身的探讨，就目前人类认识的现状来看，似乎过于注重清晰的、明确的知识，而对于模糊性知识的认识严重缺乏。精确并不是绝对化的，它只是一个相对的、不精确的分类，是刻意舍弃模糊地带而呈现出来的部分。

其次，从纵向的、动态的时间变化角度来看，模糊性的实质就是在引入时间维的动态变化过程中对象属性变动下的不确定性。任何事物都是一个变与不变的矛盾统一体，变化是绝对的，静止是相对的。当然，在现实生活中，不同事物的基本性质总会处在一个相对稳定的状态下，如果在一个变化过快，完全不可能掌握其中的固定规律，事物也就无法形成。在绝对的变化中，也有变化快慢的程度问题，看起来静止的事物仅是变化较为缓慢，人们一时无法察觉其变化的过程。而一旦由量变的积累达到质变，人们立即就能在两个事物中察觉其区别。由于人类认识的局限性，人们总是试图将事物归属到一个确定的状态范围之内，而对事物变化的过程不容易察觉，在演化过程中难以把握其中的差别，或者说人只能识别质的差别，却很不擅长识别量的微小差别，其中人的思维机制无意识地忽略了大量的、微小的细节。而事实上这并不是人思维的缺陷，恰恰相反，这其中有效的忽略机制正是人类大脑思维的最大优越之处。这种模糊化实际上用一种模糊的机制，存储了更多的信息量，从而大大提高了人类分析问题的效率，因此从某种程度上讲，模糊性的思维方式是一种更高级的推理机制。[②]

从上述横向和纵向两个方面的分析来看，人类这种模糊性的思维方式，是对宇宙万物普遍联系和基本规律的反映。模糊性不代表落后，精确性也不代表优越，两者是对立统一的，且可相互转化，甚至模糊性比精确性更基本。

三、软计算"模糊性"的哲学特征

前文中我们已经从本体论的角度详细讨论了模糊性的基本含义和实质，那么在认识论方面，我们应该如何看待模糊性的起源呢？是一种客观存在？还是一种

① 邓方安，周涛，徐扬，2008. 软计算方法理论及应用[M]. 北京：科学出版社：5.
② 何建南，2007. 软计算方法和广义模糊认知哲学[J]. 五邑大学学报，3：1-4.

人思维的主观特征？这一认识对于软计算方法的进一步发展非常重要，模糊逻辑中的核心概念就是关于描述模糊程度的隶属函数的概念。设 X 是论域，X 上的实质函数用 $f_A(x)$ 来表示（$f_A: X \rightarrow [0, 1]$）。[①]对于任意元素 $x \in X$，$f_A(x)$ 称为 x 对 A 的隶属度，f_A 为 x 对 A 的隶属函数。在模糊集合中不再像在经典集合中说 x 要么属于 A，要么不属于 A。而是说 x 在多大程度上属于 A。$f_A(x)$ 的值便是作为元素 x 从属 A 的数学指标。如果 $f_A(x) = 0$，则 x 完全不属于 A；若 $f_A(x) = 1$，则 x 完全属于 A；若 $f_A(x)$ 大于 0 小于 1，则 x 在一定程度上属于 A。正是介于 0 和 1 之间的这种连续的变化取值，描述了大量程度上的信息，从而我们可以用数学描述模糊的概念。[②]从上述分析可以看出，要想描述模糊性最核心的是必须要确定隶属函数。对于不同的语言描述必然会涉及不同的隶属函数。而对于模糊性的根本来源，学界一直没有一个公认的结论，目前主要有两种截然不同的观点。一种观点认为，模糊性来源事物本身，是完全客观的，如此则在确定隶属函数时便有了一定的客观依据；另一种观点认为，模糊性完全取决于人类的认识能力，事物本身没有模糊性，是人类特定的认识力的局限使得人无法完全精确地认识世界，这样的话隶属函数的描述范围便大大地受到限制，一种主观化的描述必然是多变的，无法提供一个客观的标准。

客观论者认为，模糊性的根本来源在于事物本身的本体论特性，是事物本身的、内在的属性，而主体的认识论因素虽然会对事物做出各种各样的分析和解读，但是从根本上讲，事物的客观属性才是第一性的，而主观上的模糊性仅是客观的、本质的、模糊性的一种自然的反映。主观论者的观点正好相反，他们认为客观上呈现出的种种不确定，究其根源都是某种随机性的概率事件，而不是模糊性。模糊关系涉及的是主体自身的认识对对象属性的归类，对事物类属关联的认识和把握都是主观因素的认识论归类，并不关涉客观事物本身。前一种观点只看到了模糊性的客观性原因，仅将其归结为事物的内在客观属性，而忽略了主观方面的因素。后一种观点虽然看到了主观意识层面的因素，但是完全归于主观性也是片面的、不合理的。这两种观点分别从客观因素和主观因素两个方面进行了极端的处理，由于都只从一个片面的立场看待问题，都无法对模糊性给出全面的说明。要想全面地了解模糊性的起源，需要从世界本体的基本规律、人的主观认识及客体与主体之间的实践关系三个方面，方能说明。

首先，从世界本身的基本规律来看，世界的一切物质都是在一定规律的支配下发展变化的，从这个意义上讲，世界是客观的，不受主观认识的支配和影响，因此也不存在所谓的模糊性和精确性。确定的和不确定的定义和界限，也仅是在

---

① 邓方安，周涛，徐扬，2008. 软计算方法理论及应用[M]. 北京：科学出版社：5.

② 张颖，刘艳秋，2002. 软计算方法[M]. 北京：科学出版社：16.

人认识的作用下才出现的。从认识发生的过程来看，模糊性的认识是基于本体世界的一种超越。同时，人们对于模糊和确定两者之间的区分不是绝对的，而是在一定对比和参照下进行区分的。这个对比和参照是在历史长河中，经历了很长时间的主客观的相互作用逐渐形成的。从唯物辩证法的观点来看，客观世界是意识形成的基础和来源，这样就为软计算中模糊集合描述中的隶属函数的确立提供了一定的客观性基础，通过隶属度这一变量函数的定义，我们虽然对一些事物没办法进行确定性的归类，但是可以通过隶属的描述来进行概率性的、程度性的描述。比如，定义年轻一词时，通过一个相对客观的标准，20 岁对应的隶属度要比 30 岁高很多，这样我们便可以给一个模糊性的事物依照程度而定义不同的数值。[①]

其次，从主观上看，人的认识来源于人的实践，而实践活动是在主观与客观的相互作用过程中进行的。人对世界的认识既取决于客观世界，也取决于人的认识能力，以及主体与客体的认识关系，而人的认识关系也是随着时间在不断变化的。因此，人的认识来源有三个要素：主体的认识能力、客体的客观属性及主体与客体之间发生的实践活动。在一定的认识能力的作用下，主体和客体之间互动的实践过程，才是模糊性的客观根源，既不是单纯的客观因素，也不是单纯的主观因素。客观上，物质世界的基本形态是处于不断变化过程之中的，没有绝对的、一成不变的规律。同时，世界中的事物本身都处在一个极为复杂的网络之中，与世界的普遍联系构成了事物本质上的复杂性，因此人从主观方面无法对客观世界构成绝对性的认识。另外，在主观上，人们对事物的认识也是不断变化的，随着历史的发展，人们总是在一定的历史框架下认识世界的，其中夹杂着大量的、宗教的、迷信的及对权威的盲从，认识上也不存在绝对的、一成不变的标准。因此，联系软计算中隶属函数的确立，在一定的客观标准下，我们又必须考虑一些主观的因素，这种主观界定需要人类的参与，对机器定义下的数值进行必要的修正。在很多情况下，人们需要做大量的工作，去定义机器程序中的初始参数及在遇到突发情况下如何反应，通过这种人为的修正和定义，计算过程才能更加准确和有效率。

最后，从主体与客体的实践关系来看，人类的历史是主客观在长期的实践活动中，不断变化的过程。历史事实既不是客观事态的集合，也不是主观认识的产物，而是在一定时间过程中主客观活动的体现。无论是从客观方面还是主观方面，任何人类活动都会受到诸多条件的制约。无论是主观意识的具体内容和形式，还是客观条件的限制，都会在实践活动中逐渐被建构和认知，最终形成一定的模式。客观实在在人的参与下，形成了人类所认知的实践图景，最终构成了人类的基本历史事实。因此，在主观、客观及实践三个要素的作用下，才是模糊性产生的根

---

① 张颖，刘艳秋，2002. 软计算方法[M]. 北京：科学出版社：18.

本原因。三者互相渗透、互相制约，人类所了解的模糊性既不是纯主观的建构，也不是纯客观的、固有的过程，是在人类实践的过程中形成的，是一个历史的范畴。在软计算的运用过程中，我们也会大量的遇到这样的情形，随着条件和环境的变化，我们初始植入的程序可能不再适应新的变化。若在硬计算中，我们不得不重新编辑运算过程，根据新的变量重新编程，而在软计算中通过机器学习，机器本身会不断地通过人为的及自身的反馈系统进行学习，不断将新的情况反馈回来，并将新的数据变量植入自身的程序中。软计算方法作为一系列计算方法（模糊逻辑、神经计算、粗糙集等）的集合，可以灵活地运用各种方法动态地处理新遇到的问题，是一个极为强大的工具。[①]

经过上述分析，可以确定在模糊逻辑中，隶属函数的方法确实可以用来描述一些模糊性的概念，但是隶属函数本身的确定并没有一个客观的标准，而是有很大局限性的。隶属函数是表示模糊性的关键，计算机对于隶属函数的选择有很强的主观性和不确定性。对于一个模糊的词和概念，要选择隶属函数进行刻画，必须对该词的基本内涵和外延有大致的把握，而这种把握既非完全客观，也非完全主观，而是在一个主客观动态影响的过程中确定的，这就涉及一个困惑人们很久的形式化难题。目前，对隶属函数的确定还没有一种一般有效的方法，主要依赖于人们主观经验的理解，或者模糊的统计学的方法，但是可以通过软计算的其他方法来弥补这种不足。因此，隶属函数不存在唯一确定的选择，而是完全从实用的角度来选择，而且有些问题可能找不出切实符合的隶属函数，或是找不出最优解。引入隶属函数虽然为描述模糊性提供了必要的工具，但是，寻找隶属函数的过程，本质上还是一个形式化的过程，与传统数学建模类似。有些问题，预先无法给出完善的经验前提，隶属函数是否存在本身都是个难以回答的问题。

软计算通过对不确定、不精确及不完全真值的容错以取得低代价的解决方案和鲁棒性。它模拟自然界中智能系统的生化过程（人的感知、脑结构、进化和免疫等）来有效处理日常工作。所以，其特性中自然而然地就包含了模糊性。首先，在认识要素上具有模糊性。在认识的过程、手段和目的上都具有模糊性。客观现实具有多种规律性，而主观的要求、愿望和意识等也是各种各样的。因此，认识的目的具有模糊性。认识过程的模糊性显得更为突出，因为形象思维是人类思维的重要形式，并且是和人的抽象思维紧密相随的。然而形象二字本身是就是模糊的，所以认识过程中的模糊性显而易见。其次，从理性到实践中也具有模糊性，在软计算中所有的问题都必须要回归于实践当中，而在这一过程中，主观的知识、才能、经验等都会起作用，同时不确定的客观作用也会参与进来，这种互相交融的复杂性，也必然会产生模糊性。最后，在决策中也具有模糊性。所谓决策，也

① 刘普寅，李洪兴，2000. 软计算及其哲学内涵[J]. 自然辩证法研究，5：26-34.

就是实践的过程，它是一个复杂的、多层次的、多结构的过程，在这一过程中也就不可避免地存在模糊性。由此可见，软计算中的模糊性不是凭空而出的，而是实实在在地存在于软计算之中的。它是不可避免的，也是无法剔除的。所以，模糊性是软计算的一种特性。[①]

软计算是一组协同的方法，它提供一种灵活处理现实中模糊状态信息的能力。它们的目标是通过探索不精确、不确定、近似推理和局部正确的最大可能限度，以达到易于理解的、健壮的和低代价的解决方案，类似于人的决策过程。这也就说明软计算本质上就是去描述模糊性，但软计算的模糊性又和模糊性不完全一样。模糊性的本质是不确定性，是一个系统或事物的边界不确定的状态，而软计算中的模糊性是一种科学的模糊性。它的本质不是绝对的不确定性，而是相对的不确定性，是不确定性的确定性，是模糊性的相对精确性。软计算中的不确定性很大程度上代表了软计算中的模糊性。通过分析软计算中的不确定性可以理解软计算中的模糊性。[②]首先，软计算具有不确定性。这种不确定性包括三个方面。①软计算所面对的问题本身具有不确定性。例如，模糊数学中的很多阈值不确定。②软计算所寻求的解决问题的方式具有不确定性。例如，对于心智问题而言，既可以用人工智能的方式试图建构一个人的心智智能，也可以用神经科学的方式来剖析一个人的心智智能。③研究的结果具有不确定性。由于软计算所面对的问题及它解决问题的方式，软计算的结果很多时候具有不确定性。例如，蚁群算法在运算很多步之后，人们是不能提前知道其结果的。软计算存在的这三个方面的不确定性意味着软计算本身带有一定的自主性、主体性。它在思想上是对于硬计算的一种彻底革新。传统计算方式是将问题看成被动的、死板的，它等在那里被解决。硬计算是将主体问题客体化，这也是康德认识论转向的一种重要表现，而软计算则是将客体问题主体化。在面对需要解决的问题时，我们往往需要尊重模糊性的本质是不确定性，是一个系统或事物的边界不确定的状态。但是，软计算中的模糊性是一种科学的模糊性。软计算中的不确定性很大程度上代表了软计算中的模糊性。通过分析软计算中的不确定性可以理解软计算中的模糊性。其次，从本体上讲，软计算作为一种新型计算方式，不像传统计算方式那样，对于问题的研究讲求的是科学性、可操作性、可重复性、可验证性。它通过逻辑集合的方式（模糊逻辑），或是人工建模的方式（遗传算法），或是科学实验的方式（神经科学和人工智能）等对于当代新兴的热点问题进行研究。现代科学作为一门科学，需要数学化，需要精确性。最后，无论是软计算中的神经元的数学模型、模糊逻辑、遗传算法，还是混沌理论，它们均是以数学模型为操作手段的。软计算中的不确

① 冯统成，2006. 软计算方法——人工智能发展的新思路[J]. 电脑与电信，6：19-21.

② 苏运霖，2003. 软计算和知识获取[J]. 广西科学院学报，11:165-170.

定性是精确化的不确定性。在软计算中，以不确定性为表现形式的模糊性具有相对确定性。

目前，随着计算机科学的深入发展，信息科学使得人们拥有了更加完善的数字网络技术。而在数字化的过程中，人们一直在试图将人们所理解的语言变为数字语言，然后在此基础上进行信息存储、传递和加工处理。目前，人类在计算机领域已经取得了很大的进步，人们已经可以用计算机处理大量的、逻辑严密的计算和分析。但是，随着人类研究对象的深入和扩展，以及新型人工智能的发展需求，必须对大量的、复杂的非线性系统进行处理，而其中必然会有大量的不确定的因素。①既有关于事物本身之间相互关系的模糊性，也有人类认识和描述过程中加入的模糊性，这种情况下传统的逻辑处理方式面临很大困难，必须重新认识模糊性的基本含义和实质，借鉴人类认识能力的基本模式，让机器语言也能借鉴和感知自然语言的模糊性，以求能给计算机注入新的血液，从而推动计算机的发展。虽然目前模糊逻辑所能解决的问题还是有限的，但是在模糊逻辑基础上建立的软计算方法已经得到了深入、广泛的应用。软计算是由模糊逻辑、遗传算法、粗糙集、神经计算等多种算法集合而成的，软计算的各个成员算法之间并不是单独进行的，而是在相互组合和补充中，吸取各自的优势和特长，回避自己的劣势和短处，由此形成的一个混合的智能优化组合，它可以根据具体问题进行选择和组合来解决问题，并取得了极大的发展和成就。②

① 刘普寅，李洪兴，2000. 软计算及其哲学内涵[J]. 自然辩证法研究，5：26-30.
② 王攀，万君康，冯珊，2004. 创建计算智能的新方法[J]. 武汉理工大学学报，4：618-620.

第四章

软计算：确定性的超越

　　软计算在方法论思维层面上对确定性的理解实现了一种超越，这种超越实际上就是对于隐含在计算确定性背后的核心——科学确定性问题的一种更加深刻的理解。在此，我们必须要指出，科学的确定性原则与不确定性原则从来都不是相互排斥的，而是彼此影响、相互依赖的。从辩证法的理论来看，科学的确定性是相对的、有条件的、具有时空局限性的，而科学的不确定性同样也是相对的、可以转化的，二者共同奠基于人类现实的科学实践过程中。

　　在 20 世纪 50 年代以后，伴随着各种学科领域当中科学方法的逐步凝练、借鉴与整合，在哲学层面上的科学方法论也呈现出越来越丰富的发展局面，这为科学和哲学研究提供了极大的便利。正是在此背景下，软计算理论的提出者深刻地认识到，既有的知识对于科学确定性的理解是过于狭隘的，人类的认识和知识是无限的、不断发展的，确定性也是具有一定的语境约定条件的。在软计算理论的创造过程中，隐喻思维虽然发挥了重要的作用，但是这并不代表软计算理论就陷入了相对主义的泥淖，而是坚持科学实在论立场，软计算理论从根本上贯彻科学确定性原则的一种曲折的表现。从语境论的思想来看，软计算思维在坚持科学确定性原则的同时，又格外强调了科学的不确定性特征，而这种将确定性与不确定性有机融合并加以统一的思想恰恰是语境论思想的核心原则。

　　软计算方法的提出、应用和发展是数学学科内部发展到一定阶段的必然结果，其中科学隐喻思维发挥了重要的动力支撑作用。在软计算方法的理论构造过程中，跨学科领域的概念隐喻突破了既有的线性逻辑算法的局限，为计算思维的创新起到了引导性和生发性的作用；在软计算方法的理论表征过程中，其本体论——根隐喻特质得到了充分的揭示，而隐喻直觉与表征逻辑之间也实现了有机的融合；在软计算方法的理论解释过程中，隐喻的心理意向性和隐喻重描机制发挥了重要的作用，极大地扩展了人类认知的界限与范围；在软计算方法的理论交流过程中，隐喻为认知模型的共同体约定和理论语言系统的转换奠定了重要的基础。

软计算方法纳入了不确定性、非理性等因素，突破了硬计算的思维局限，这一点与科学实在论突破传统实在论绝对化形式理性的思维不谋而合。具体来说，软计算方法的模糊性思维原理与客观世界之间存在同晶现象，这从本体论层面上为软计算赋予了实在性的特征；软计算方法的容错性等特征顺应了科学实在论从固守科学主义的规范理性到构造开放的动力学系统的认识论扩张趋向；软计算的设计与应用从总体上符合了科学实在论的语境分析等方法论原则。由此可见，科学实在论能够为软计算提供坚实的、可依托的理论基础，两者之间的融合无论是对软计算科学的纵深发展，还是对科学实在论地位的巩固都具有重要的理论借鉴意义。

以模糊集、粗糙集、遗传算法和神经网络算法为代表的软计算方法，不仅在思想内核上与语境论思想存在着诸多的契合之处，而且其阵营的不断扩大、相互融合及其推陈出新的显著趋势更加强烈地折射与印证了语境论思想趋向的合理性与必然性。在此过程中，一方面，科学语境论思想的引入能够为软计算方法路径的突破起到引导性与支撑性的作用；另一方面，软计算方法的不断革新本身也能够更加丰富与充实语境论思想的科学内涵。

第一节　软计算的隐喻思维

软计算方法对于隐喻思维的引入，是突显其不确定性特征的一个强有力的手段和工具。隐喻作为一种认识论和方法论研究的重要手段、工具，已然在 20 世纪后期以来的科学哲学研究过程中得到了广泛关注，尤其是现代科学中软计算方法的提出、应用、发展与科学隐喻思维的动力支撑作用密不可分，"在智能系统中计算隐喻始终发挥着作用"[①]。为此，我们不仅有必要从本体论的层面上考察软计算方法的隐喻特征，还需要深入剖析软计算方法在其构造、表征、诠释及交流过程中与隐喻思维相结合的具体路径与方式，这将有利于我们更加全面、深刻地把握软计算方法创新的重要意义。总体上来看，软计算代表了一种与硬计算相对的全新计算思维，在各种具体的软计算方法背后实际上隐含着在哲学层面上共同的本体论和认识论背景，因而软计算的研究保持了一种前后延续的、不断更新的发展态势。以扎德为例，早在 20 世纪 60 年代他就已经提出了模糊集理论，并且将其目标设定为"提供一种研究人类思考和交流中抽象问题的便利路径"[②]。在他

① CHAWDHRY P K, ROY R, PANT R K, 1998. Soft computing in engineering design and manufacturing[M]. London: Springer-Verlag: 24.

② ZADEH L A, 1965. Fuzzy sets and systems. In:Fox,J. (ed.)system theory[M]. Microwave Research Institute Symp. ,Vol. XV, Polytechnic Press, Brooklyn: 29-37.

之后，神经网络、粗糙集、遗传算法和概率推理被先后提出，它们构成了软计算方法"集群"的核心内容，而基于这些算法的改进和创新所产生的蚁群算法、模拟退火和置信网络等各种新型的软计算方法更是层出不穷。同时，各种软计算分析方法在比较和融合的基础上，以模糊粗糙集、粗糙集–神经网络方法为代表的各种软计算方法之间的串联、并联与镶嵌模型也引起了人们的高度重视。上述这些软计算方法普遍采用语言陈述以取代数值符号，以现实世界中的不确定性问题为目标指向，并且广泛地借鉴了生物体机制和人脑思维的典型特征，从而在当代人类社会各种复杂性问题的解决过程中发挥了重要的作用。

一、软计算理论的隐喻构造

软计算本身作为一个交叉性、综合性与融合性极强的新兴产物，实际上是一些以处理不精确性和不确定性问题为宗旨的计算方法的联合体。它在模拟人脑、生命机体的本质规律、特征的过程中，基于语境转换的需要，普遍采用了隐喻描述的理论架构模式，这种隐喻描述策略突破了既有的线性计算推演思维，在规范的语形结构中注入了丰富的语义内容，并且以现实的语用目标为导向而形成了全新的计算方法，这主要表现在以下两个方面。

一方面，软计算概念的隐喻构造。软计算方法依据不同的目标问题分别引入和借鉴了脑科学、生命科学及进化论中的学科概念，并且围绕这些概念形成了特定的理论模型结构，"在人工智能和计算机科学当中的一系列核心概念都可以追溯到受到自然界中各种现象启发的计算隐喻"①。需要指出的是，这种跨领域的概念引入并非是简单的、直接的，而是在作为来源域的言说语境中抽取了可选择概念的部分特征，并且将这些特征在新的言说语境中为跨领域概念重新赋予了特定的结构性内涵。特别是在软计算方法的概念构造过程中，科学家往往成系统地将某些大脑运行机制的特征或者生物学现象的规律进行概念体系的整体移植，这些在来源域中语境关联度极高的概念群，在计算方法的展开过程中获得了全新的内涵，并有机地与计算思维的展开过程结合在了一起。①人工神经网络算法是软计算方法中非常重要的组成部分，这一算法所引入的来源域是大脑的生物神经运行机制，科学家注意到了这一神经网络结构所表现出来的自组织和自协调性，因而希望改进经典的计算方法和原则，在其中"隐喻的探索功能在人工神经网络的类型认知计算中得到了例证"②。事实上，神经网络的概念被用来刻画多目标计算分析过程中不同计算单元之间协同配合、有机关联的整体机制特征；数据流的概

---

① GARG D, SINGH A, 2005. Soft computing[M]. New Delhi: Allied Publishers PVT. LTD: 130.

② MACHAMER P, SILBERSTEIN M, 2002. The blackwell guide to the philosophy of science[M]. Massachusetts: Blackwell Publishers Ltd: 119.

念被用来反映类似大脑神经网络之中的信息传递、转换过程，它能够较好地并行处理巨量的复杂输入信息。②在遗传算法中，适应度函数的概念源于遗传进化学说，本来是反映竞争力强的个体在遗传选择的过程中具有更高遗传机会的一种生物学现象，而在遗传算法它主要用来表现在反复的计算推演过程中寻求问题最优解的一种计算现象；迭代的概念也被用来反映有秩序的、前后连续的计算分析过程的特征；选择、变异等概念则被用来描述类似于网络结构的关联计算在运行过程中所出现的某种特定的计算分析结果。③在粗糙集算法中，所谓的粗糙隐喻，意在强调对于某些具有含糊性和不确定性问题的解决路径特征；规则抽取的概念被用来反映计算分析过程中条件属性约简、去除冗余属性，最终实现对象配属单一规则的行动目标。由上可见，软计算的概念隐喻思维贯穿在各种具体计算理论构造的整体过程之中，这种概念隐喻为突破既有的线性逻辑算法局限、实现计算分析方法的创新起到了基础性和支撑性的作用。

另一方面，软计算思维的隐喻创新。隐喻在科学研究的过程中具有一种引导性的作用，它并非出自科学家完善理论表征的需要，而更多的是以科学发现、科学探索和科学创新的功能发挥作用。在软计算方法的研究过程中，科学家之所以要采用隐喻的策略来重构计算模型，其原因在于20世纪中期以来，随着科学技术革命的飞跃，在现实的社会语境中出现了很多传统的计算策略所无法解决的复杂性问题。这些复杂性问题的出现，一部分原因在于科学内部不同学科之间的广泛渗透和影响，另一部分原因在于科学与人文、理性与非理性层面之间的交相作用和叠加。这样，立足于线性逻辑推演的经典计算理论就遭遇到了很大的危机，这使其在解决现实问题的过程中经常捉襟见肘。为此，科学家开始思考，能否将遵循严谨数理逻辑的数学计算与具有变动性、灵活性和针对性的特定事物发展、演变规律及过程结合起来，这种结合超越了经典计算的单一、局限性目标指向，并且能够依照可控制的效率比将计算的精度保持在一定的尺度范围内，以满足人们不同程度的计算目标需求。正是在这种多元目标指向的背景下，人们开始将观察的视角广泛地投向了自然、社会乃至于人自身当中所呈现出来的智能现象。特别是随着人工智能研究突飞猛进的发展，以人脑的复杂运行机制为模本的软计算研究开始日益显现出其重要的意义和价值。为此，科学家将来自脑神经科学、心理机制理论之中的核心思维进行二次隐喻加工，以特征提取和流程规约的方式加以计算表征，这就为复杂性、不确定性、近似性问题的解决奠定了良好的基础。

在软计算理论的发现过程中，各种隐喻模拟生物智能演化、运行机制算法的得出既是科学家在长期的计算实践过程中不断尝试、验证的结果，同时也是科学家在理论模型构造的最初时刻的一种隐喻化联想、想象的结果。也就是说，没有在思维乃至于实践层面上的反复跨语境推演，就不会有某种具体的、适当的计算模型的最终形成，也就没有发散性的、善于包容的理性灵感的闪现，科学家也就很难获得突破既有数学理论的原初动力。在此过程中，隐喻思维敏锐地切中和把握了各种具体计算语境的理论桎梏，这种理论桎梏实际上就是阻碍目标问题最优化路径达成的思维框架的局限性，而跨语境的隐喻联结则较好地实现了计算模型的更新与革命。以多里戈（Marco Dorigo）所提出的蚁群算法为例，它作为一种模拟优化路径的概率计算模型，受到了蚂蚁借助于信息素聚合而展现出来的前进、试探、选择的语境化目标达成模式的启发。在蚁群算法理论的形成过程中，假若没有作为思维基础的隐喻推演作为支撑，科学家就不会对于蚁群外部的行为现象进行有意识的关注，而假若没有科学的、系统的跨语境隐喻构造能力，科学家也就不会将普通的蚁群现象和规律上升到计算的自组织性、并行性、正反馈性和鲁棒性等计算智能所具有的典型特征层面。

二、软计算理论的隐喻表征

隐喻在科学理论的表征过程中发挥了重要作用，这种隐喻表征立足于发现不同理论语境之间的相似性和共性，并且可以在程度上、功能上区分为陈述性的隐喻表征和潜在指示性的隐喻表征，由此便能够以不同的方式挖掘出理论语言的全新意义，"所有的科学都借助于隐喻去说明其理论内涵，因为隐喻相对于字面而言是一种更加生动的表征"[①]。在此过程中，隐喻对于科学表征的能动性作用得到了充分的展示，我们可以从以下几个方面来分析。

第一，软计算方法表征的本体论——根隐喻特质。从本体论的层面上来看，软计算与硬计算体现了完全不同的两种计算主义世界观。软计算的"软"，以及硬计算的"硬"，本质上都是一种具有典型隐喻色彩的表征方式。软计算这一概念的命名最初起源于美国加利福尼亚大学伯克利分校的扎德教授，他最初只是为了强调以模糊逻辑、遗传算法和神经网络为代表的一些新型计算方法所具有的方法论优势，而这些方法恰恰能够更加有效地、更低代价地、更趋于实用化地处理近似的、模糊的世界信息。显然，在这里，扎德所提出的软计算方法背后隐含的世界观背景是与硬计算方法背后所隐含的世界观背景存在明显的差异，"软计算与硬计算具有很大差异，软计算能够容忍不精确性、不确定性和部分真值"[②]。传统上，硬计算延续了从亚里士多德一直到逻辑实证主义的规范语形构造规则，并且在一种二元论思维的基础上试图以逻辑化的策略建立起关于实在世界的语形图景。在

---

① GRIFFIN D R, RISTAU C A, 1991. Cognitive ethology: the minds of other animals[M]. New Jersy:Associates, Inc. , Publishers: 268.

② ZADEH L A, KLIR G J, YUAN B, 1996. Fuzzy sets, fuzzy logic, and fuzzy systems: selected papers[M]. Singapore: World Scientific Publishing Co Pte Ltd: 783.

此过程中，以数理逻辑作为基础的计算主义者便能够非常便利地进行符号公式的推理和演绎，以完美地解决现实世界的问题。

事实上，硬计算所代表的世界观在 20 世纪中期以后就已经随着逻辑实证主义的崩溃而失去了其在数学王国之中的绝对统治地位。其原因在于，硬计算之"硬"，作为一种隐喻的涉身推理经验，实质上反映的是传统计算思维的绝对封闭性、狭隘性和保守性，这种计算思维在条件相对有限的逻辑空间中是可以有效发挥其作用的，它作为一种历史上曾经存在过的科学主义世界观类型，代表了人类理性建构的最高成就。其问题在于，人与世界的交往并非仅是一种单向度的、绝对唯一的"涉入"，在理性逻辑推演的过程中世界面向主体呈现出了多样的存在状态与类型，这充分说明世界本身是复杂的、超验的，然而它在与主体接触的具体语境之下却又是可感知的、可经验的。世界面向主体的这种矛盾性特征充分说明主体与世界之间的交互性、融合性特征。正是由此出发，软计算方法的提出摒弃了硬计算的绝对主义世界观，开辟了一条集容错性、不完整性和近似性特征于一体的计算认知路径，从而将世界观层面上的根隐喻差异真正地贯彻到计算的具体解释过程中。

第二，软计算的隐喻直觉与表征逻辑的有机融合。软计算方法的理论构造必然要以其特定的语言形式来加以表征，这种语言形式与其背后所隐含的概念系统之间存在着间接的关联。对于科学家而言，面对复杂的、多样化的、海量的信息状态时，他们需要做的事情是构建一个具有目标群指向的计算语形系统。在这里，之所以要采用目标群的概念隐喻，其根本在于指出软计算所实现的目标并非单一的、线性的、绝对的，而是多元的、并联的、相对的。为了满足这种基于语用选择的现实情态要求，科学家就需要充分地展开自己的隐喻想象、关联能力，并且在计算推演的形式规则中引入非理性的模糊变量，以实现理性与非理性要求的有机统一。但问题在于，科学家的隐喻直觉一方面在心理意向层面上看起来是偶然的、随机的、难以把握规律的，这使得软计算的隐喻直觉在很长一段时间以来被人们看做是一种神秘化的产物，而另一方面软计算的隐喻直觉在计算表征的深层结构上又是具有逻辑性的；软计算隐喻直觉的延伸范围、可把握方向、规模与程度也是会受到计算语形规则的约束的，两者之间存在着一种复杂的张力关系。在此过程中，由源语境中而来的概念隐喻在新的语境系统中以语用化的目标导向为指引，进而形成了经过选择性删减、合并的概念隐喻系统——"经过训练的隐喻在概念化隐喻的认知过程中是不可或缺的"①。我们以软计算系统中基于结构分析的神经网络规则为例，神经网络结构在被规则化之前，需要经过一个培养和训练的过程,这种培养和训练就意味着神经网络结构在隐喻化过程中的选择性重构；

---

① DEIGNAN A, 2005. Metaphor and corpus linguistics[M]. Amsterdam: John Benjamins B. BV: 96.

在面对输入信息膨胀的情况下，计算的复杂程度就会急剧上升，为此科学家采用了所谓剪枝聚类的策略来降低网络关联系数，这一策略在隐喻直觉层面上主要是为了摒弃非主干网络联结进路，进而对于隐藏层节点的激活值进行充分的覆盖，然而在此过程中，计算推演的基础逻辑规则并没有受到削弱和消减。

第三，软计算方法模型的再隐喻化表征。隐喻是对于事物发展状态、类型及其特征的某种语言表征，在理论的隐喻表征过程中，一方面作为隐喻本体的理论、思想本身也是一种隐喻表征，它同样包含着对于其他事物状态的模拟、类比；另一方面作为喻体的理论也只是科学家在某一个特定的语境下，受到相关语境要素制约而对于隐喻本体的一种关联性表征，它有可能成为其他理论模型隐喻表征的来源。由此可见，隐喻的科学理论发展、延续过程是一种重复的、有章可循的再隐喻化链条，这一规律形象、生动地揭示了人类科学研究的壮丽图景。在软计算的研究过程中，科学家既需要借助于语词概念、思想内容的隐喻去说明和把握未知现象的状态与特性，同时也需要借助于隐喻化的手段去指出认识展开的多样可能性。对于在软计算方法中处于基础地位的概率统计而言，它所隐含的随机性特征本身意味着在特定的语境状态中出现的可能性程度的高低，为此科学家用概率分布函数来对其加以表征；对于模糊集而言，它所刻画的模糊性特征意味着未明确定义的事态的不确定性，为此科学家将某一事件归属于不同的集合进而提出了隶属度函数的概念；对于粗糙集而言，它所反映的是由于计算背景知识的空白而无法明确定义的某类集合，为此科学家采用上近似集、下近似集的概念来应对这一问题。

在软计算方法模型的再隐喻化过程中，由于现实世界复杂性问题的不断更新，科学家基于各种单一特性的计算分析模型而提出了相互融合、嵌套的复杂计算模型。例如，由模糊集与神经网络结合而成的模糊神经网络将模糊集的不确定性数据管控能力与神经网络的优化并行计算结合起来；由粗糙集与遗传算法相结合而形成的粗糙遗传算法既发挥了粗糙集依据重要度函数而展开的数据约简优势，同时又发挥了遗传算法全局寻优的方法论特长；由模糊集与粗糙集理论结合而形成的模糊粗糙集方法，利用模糊集的隶属函数来表征在粗糙集中基于确定性信息的等价结构。由此可见，理论的隐喻与再隐喻化贯穿于软计算方法论思维创新的始终，它是软计算方法不断推陈出新的重要动力源泉。

三、软计算理论的隐喻解释

隐喻分析在软计算方法的解释过程中发挥了重要的作用，这种作用主要体现在它贯穿了理论的语形、语义和语用的三元关联界面。在理论的语形层面上，"隐喻……说明了符号系统关联源泉的隐喻基础"[①]；在理论的语义层面上，隐喻发

---

① 郭贵春，2004. 科学隐喻的方法论意义[J]. 中国社会科学，2：99.

挥作用的过程实际上也是语义迁移与转换的过程，它使得语词概念的指称具有了变动性和灵活性；在理论的语用层面上，隐喻满足了理论的理由性、条件性和具体性要求。总体上来看，软计算方法的隐喻解释构建了一个完整的、立体式的语境模型，它超越了经典计算逻辑的单一语形维度和界限，从而极大地拓展了计算思维在人类社会更大领域之中的生存空间。

首先，软计算方法隐喻解释的意向性基础。在软计算方法的隐喻解释过程中，心理意向性发挥了重要的作用，"当人们试图超越现象的表层而达到现象本质的时候，意向性的隐喻就会发挥作用"①，在某种程度上心理意向性直接影响着隐喻解释的效力结果与发展路径。当然，在此过程中，心理意向的引导性作用不是虚幻的、没有任何根基的，而是要受到一系列背景条件、要素的制约，并且以特定的语用价值目标为导向。从根本意义上说，语用的目标导向性是决定隐喻解释过程中意向性功能发挥的重要基础，它使得理论的隐喻解释具有了丰富的语境信息和内容。从软计算理论的出发点来看，它所针对的是传统人工智能领域之中的物理符号系统假设，而这种符号系统假设由于其严格的形式化和规则化约定，以语用条件为依托的意向性机制自然地就被排除在外。人工智能的发展在 20 世纪 80 年代遇到极大的瓶颈和障碍之后，计算智能的概念逐渐被提出并且在理论层面上获得了长足的发展。其根源就在于，计算智能本质上是对于生命组织形态及其特征的一种模拟，而人本身作为一种高级生命形态的存在其最核心的能力就是意向性的状态，在心理运行机制当中它代表着一种能够超越表层的语法、语形而直接指称对象内容的能力。我们以模糊逻辑为例，它所模拟的是人类在现实生活中近似推理的抽象心智运作能力，这种能力具有较高程度的主观性和思维的模糊性特征，其中隶属函数的确定所依据的专家知识和经验同样是与意向性的投射作用不可分割的。此外，在神经网络和进化遗传算法的展开过程中，每一个特定阶段的运算结果评价都需要意向性机制地干预和介入。

其次，软计算方法的隐喻重描机制。所谓理论的隐喻重描，简单来说就是对于同一种事物状态、现象的不同语言解释系统之间相互补充、协调的关系。对于软计算方法而言，它的符号推演规模和程度得到了极大的缩减，而相应的语言表征空间却得到了很大的扩展。在面对模糊的、随机的和不确定的数据、信息时，人们根据实际需要开发出适当的、合理的决策方案，这些决策方案的路径不同，所展现出的深层思维结构也存在着极大的差异，然而它们在数据开采与发掘过程中所持有的语用目标是一致的、趋同的。这充分说明，理论解释本身与其解释的对象之间绝不是一种一一对应的逻辑映射关系，而是一种可选择的、动态的价值

---

① STEPHENSON N, RADTKE H L, JORNA R, et al., 2003. Theoretical psychology: critical contributions[M]. Ontario: Captus University Publications: 290.

趋向结果。在软计算方法的研究过程中，粗糙集、模糊集、神经网络和遗传算法乃至于一些新型的计算方法不断地涌现，这些算法实际上各具特色、各有优势，然而根据所研究数据库的差异性特征，这些算法之间又存在着一定的交叠作用，其目标在于最大限度地、最令人满意地完成计算任务。从软计算方法的最新研究动态来看，各种计算方法之间的交叉融合、协同作用已经成为从事计算科学研究工作者的普遍共识。

再次，软计算方法隐喻解释的认知意义。软计算方法的隐喻解释具有多元性和丰富性，它本质上反映了科学家借助有别于硬计算的创新思维模式去把握和认识事物在特定发展阶段、环节当中的规律与特征。可见，从认识论的角度上来看，软计算方法的提出本身就是一种科学研究的深化和拓展，因而"隐喻在科学当中具有一种不可替代的认知功能"[①]。其根源在于，随着现代科学从宏观到微观领域的大范围延伸，人类观察和经验的问题域不是缩小了，而是扩大了，特别是由于信息技术革命在 20 世纪末到 21 世纪初的飞跃式发展，机器人和智能计算的自主性、高效性受到了人们越来越多的重视。上述这些问题的解决和新型技术的发展，在很大程度上打破了传统的学科分野界限，从而将人类知识领域之中的确定性与不确定性、理性与非理性、精确性与模糊性的对立和统一摆在了人们的面前。在此过程中，软计算方法的提出与改进，从知识表征、知识创造、知识处理等诸多方面将人类的认识论在广度上和高度上推向了一个新的境地。随着软计算方法的不断更新换代，人们也更加清晰地认识到，认识既非绝对客观的，也非绝对主观的，经验的观察只能在一定的范围之内具有可靠性，超出了这一范围，经验观察的可靠性就会发生动摇。另外，人类思维当中的非理性因素也不是无用的，它与理性思维相互辅助、协同共进，为人类认识的发展做出了贡献，而上述这些思想恰恰是软计算方法的研究为认识论的发展所带来的最大教益。

四、软计算理论的隐喻交流

软计算方法基于隐喻思维的启发性、引导性和探索性功能适应了当代系统科学的复杂性、模糊性和不确定性特征，它在多元约束条件与海量数据规模的模型构造过程中所拥有的实用性和有效性优势，不仅赢得了计算科学共同体内部的认可与重视，而且在人类社会的各个行业、领域之中都得到了普遍应用，这充分说明隐喻作为一种媒介和纽带在科学理论的研究过程中所具有的重要地位。在具体的计算实践过程中，科学家一方面借助于隐喻思维不断地构造新的计算分析模型，这些模型经过反复的确认和验证之后以一种共识的形式成为软计算阵营之中的重

---

① FLEETWOOD S, 1999. Critical realism in economics: development and debate[M]. London: Routledge: 97.

要成员；另一方面也通过比较各种软计算方法的优势和劣势，取长补短、交互融合，进而又形成了一些更加集聚方法论特长的计算分析模型，在其中隐喻分析与解释的思维同样为理论的通约与交流提供了坚实的支撑。

（1）软计算认知模型隐喻的共同体约定。任何科学理论的提出，都是一个基于文化、历史和社会的语境构造过程，在此过程中科学家的知识背景、价值判断和研究目标都存在着一定的共通性、共享性。从这个意义上来说，隐喻在科学理论之中的引入表面上看起来是偶然的、随意的，但在实质上却是科学家基于理论创新的目标导向而在自然、社会系统的构成要素中进行意向性选择的结果。同样，这种意向性的隐喻参照对象的选择不是随机的、无序的，而是要考虑科学共同体的可接受、可理解的程度，并且符合一般的文化习惯和传统。由此可见，软计算认知模型的隐喻构造是一个基于理论语境、科学共同体语境和社会文化语境的动态系统工程，它既具有动态性、可调节性和约定性，同时也具有稳定性、确定性和客观性，因而"软计算共同体并不寻求任何完美的方案，而是不断探索更有竞争力的解决方案"①。以遗传算法为例，科学家在设计这一算法规则之前，往往会在大规模的计算过程中取得某个计算目标方向、节点上的较大成功，然而在计算的整体目标层面上却并不尽如人意。科学家认识到，假若不能克服这一问题，智能系统的构造基础将会是很不稳固的。那么，如何实现优化的计算分析模型建构并且找到达成全局最优解的有效路径呢？在理论的比较过程中，科学家很快就联想到了进化论和遗传学说的基本理论，而这些理论恰恰是对于高度智能化的生命机制的规律及其特征的反映，在其中生命体所展现出来的自然的信息整体优化能力极大地吸引了科学家的注意。为此，他们通过约简的符号编码来模拟迭代进化的整体过程，并且借助于隐喻的策略引入了复制、杂交和变异的操作步骤，其中的每一个步骤实际上作为一种理论符号都已经为科学共同体所熟知，并且共同体成员也在心理意向的层面上有着大体一致的约定，这就为遗传算法最终形成科学家的共识奠定了重要基础。

（2）软计算方法语言系统转换的隐喻媒介。软计算方法在符号推演的过程中引入了许多非传统逻辑当中的术语和概念，这些术语和概念有些原本是属于自然语言当中的状态指示词，这些指示词在逻辑内涵上并不清晰，需要借助于语境的条件来加以综合、整体地把握；此外，软计算方法所采用的其他一些术语和概念是源于人文、社会科学当中的描述性概念，这些概念在通常情况下并无确定的指称。在上述这些概念的隐喻化使用过程中，软计算方法的根本目的在于构建起一套能够适用于达成实用化预定目标的、便于逻辑推演的计算语形系统来。我们知道，在经典逻辑当中，概念的内涵与外延是相互对应的，具体到计算过程中就是

① OVASKA S J, SZTANDERA L M, 2002. Soft computing in industrial electronics[M]. Berlin: Springer-Verlag: x.

要保证符号推演的合乎逻辑性，这一方面使得计算的结果在逻辑上可靠、无矛盾，另一方面也使得计算的功能在范围和程度上受到了很大的局限，"一阶谓词逻辑计算的表征力在自然语言的处理过程中是非常受局限的"①。

　　对于软计算方法而言，它在理论构造的过程中创造性地引入了一些自然语言之中的概念话语，这显示了软计算作为一种科学理论在话语体系层面上与其他非科学话语体系之间的互动和彼此渗透，在此过程中概念体系的隐喻借用为科学理论与其他非科学理论之间的贯通铺平了道路。当然，我们也应当指出，软计算方法构造过程中的科学隐喻并非一种概念的无差别空间位移，而是在其背后隐含着科学思想和认识的深层次转换。以模糊集理论为例，它所引入的模糊概念本质上反映了没有明确外延的某类事物特征，对于这些特征的复杂性科学家难以做出明确的界定，为此模糊集理论的创始者扎德将特征函数的取值从 0 和 1 的二值逻辑表征过渡到 $[0，1]$ 的闭合区间，并且采用隶属函数 $\mu a(x)$ 来表征 $x \in A$ 的程度。显然，在这里，模糊集理论所采用的隶属函数概念深刻地反映了人类日常思维及现实世界当中的某些不确定性特征，它在精确性和模糊性思维之间架接起了沟通的桥梁。

　　软计算方法的研究既是一种计算实践过程中的数学方法探索，同时也是一种有着哲学思维引导的认知展开过程。正是在哲学认识论思维的潜在作用下，软计算方法才能够从横向上不断拓展其内部的计算方法数量与规模，并且从纵向上形成延续、推进与整合的软计算方法发展态势。在其中，隐喻思维作为一种超越了语言学修辞界域的哲学认识论工具，为软计算方法的持续性研究做出了卓越的贡献，这充分体现了当代哲学与科学交汇融合、相互激励与相互促进的生动图景。特别是，在科学爆炸与膨胀的新一轮时代浪潮中，以隐喻思维为代表的非理性认知路径不仅有效地弥补了传统科学主义、理性主义的认识论缺陷和不足，而且在为科学理性的方法论辩护过程中发挥了重要的、不可替代的作用，展现出了其独特的认识论魅力。因此，我们有理由相信，以科学的隐喻思维为基础的软计算方法不仅将在新兴的人工智能研究领域之中继续扮演建设性的重要角色，而且也将在语言学、社会学和伦理学等其他一切人文社会科学领域之中开拓疆域，为人类思维的创新与实践做出更大的贡献。

第二节　软计算的科学实在论基础

　　在对软计算的确定性与不确定性问题特征问题进行考察的过程中，我们有必

---

① ZADEH L A, KLIR G J, YUAN B, 1996. Fuzzy sets, fuzzy logic, and fuzzy systems: selected Papers[M]. Singapore: World Scientific Publishing Co Pte Ltd: 614.

要考察软计算理论的实在论基础问题，而当代的科学实在论立场实际上潜在地符合了软计算理论的发展路径，并且为软计算的确定性与不确定性之争奠定了重要的理论基础。软计算方法是能够处理现实环境中一种或多种复杂信息的方法群集合，近年来这一新型计算方法已在多个科学领域得到广泛应用，而软计算方法的设计与应用和 20 世纪中后期以来科学的整体进步密切相关。自 20 世纪中后期以来，以科学实在论为代表的科学哲学思维广泛地渗透到了包括软计算方法在内的各个具体科学领域中，"软计算的一个很有趣的特征就在于其方法建立在实在论的基础上"①。因此，从科学实在论的角度来诠释软计算方法，这实现了哲学、人文社会科学与具体自然科学的融合，并能够为软计算在解决复杂难题过程中的方法论创新提供坚实的实在论基础。

一、软计算实在性的本体论基础

在计算科学领域中，软计算是相对于硬计算而提出的一种新型计算方法，这种计算方法要处理的是现实中硬计算所无法解决的问题，"数学应该是精确的，但模糊现象又是客观存在于人类思维中……"②。而软计算方法成功地解决了现实环境中的复杂问题，说明软计算方法的内在原理在一定程度上揭示了客观世界中的实在结构特征，即软计算方法的内在原理与客观世界存在一定的同晶现象。当然，这种同晶性也为软计算方法的科学性提供了可靠的实在内容。具体来讲，软计算方法包括模糊逻辑、人工神经网络、遗传算法等，从这些具体计算方法的设计与应用来看，软计算的内在原理模拟的是人的大脑结构和思维运作方式。所以，要考察软计算方法内在原理的本体论基础，就必须从它所模拟的人脑思维运作方式的本体论基础来分析，以下我们从三个层面进行论述。

第一，软计算方法的模糊性原理与客观世界的不确定性结构之间存在类似性。客观世界是确定性因素与不确定性因素的统一，这决定了人脑对客观世界的表征也是确定性与不确定性的统一。一方面，客观世界中存在着一些维持世界存在与运转的规律，如数学公理（两点之间直线最短）、数学定理（勾股定理）、物理定律（牛顿三大定律）等，这些定理定律的科学性就在于人类思维正确地把握了客观世界中存在的确定性的结构与属性，并且人类对理性的推崇自西方文艺复兴以来就一直以追求这种知识的确定性为标准。另一方面，随着人类认识能力的进一步提高，以确定性知识为标准的数学知识先后经历了三次大危机，伴随着危机的出现与解决（到目前为止数学危机仍未从根本上得到解决），人类对于客观世界的

① ANBUMANI K, NEDUNCHEZHIAN R, 2010. Soft computing applications for database technologies: techniques and issues[M]. Hershey: IGI Global: 120.
② 邓方安，周涛，徐扬，2008. 软计算方法理论及应用[M]. 北京：科学出版社：1.

确定性产生了怀疑，并开始对客观世界的不确定性进行探索。在这一过程中，人类逐渐认识到，传统的经典数学逻辑是一种封闭的线性理论系统，这种理论系统在解决现实问题时必然会有局限性，因为一旦超出特定的理论适用范围，它就会失去其理论应用价值。基于这种传统逻辑，计算科学中的硬计算在处理现实复杂问题时遇到了重重障碍。

自 20 世纪以来，相对于传统逻辑，逻辑学家提出了多值逻辑、模态逻辑、时态逻辑与模糊逻辑等多种逻辑类型，而这些非经典逻辑的提出就是针对客观世界中还存在着大量不确定性的现象。例如，在一个不确定的环境中，倘若仅仅依靠传统逻辑进行思考运算，或者根本求不出一个精确值，或者求得精确值的成本太高，或者看似能够求出精确值，但在不确定性的环境中，这个精确值实际已远离了目标值。可见，在一个不确定的数值界域中，就需要一种求得近似解的逻辑结构以作为支撑——人脑通过一种模糊逻辑来求解，软计算模拟人脑进行模糊计算。就软计算方法中的模糊逻辑而言，它是以人脑的模糊思维、模糊推理作为模拟蓝本，而人脑的模糊推理是基于对客观世界的不确定性环境的一种表征和演算。因此，软计算方法中的模糊逻辑是针对客观世界的不确定性问题寻求的路径突破，"模糊逻辑允许人们以一种更佳的形式而非一种脆弱的模型去模拟不确定性和主观性的概念"[1]。正如我们所知，客观世界是确定性因素与不确定性因素的统一，这决定了人类在处理确定性问题和不确定性问题时往往要采取不同的逻辑，即经典逻辑和模糊逻辑。可见，软计算方法的模糊性原理类似于客观世界的不确定性结构，并且软计算方法运用模糊逻辑能够有效解决现实环境中的不确定性问题。

第二，软计算方法的非线性原理与客观世界的普遍联系性结构之间存在类似性。正如我们所知，客观世界是一个普遍联系的整体，事物与事物之间不是孤立存在的，而是处于相互联系的复杂网络中。因此，在处理一个现实问题时，往往不是仅涉及问题本身的一个方面，而是要同时涉及与问题相关的各个方面，倘若仅依靠线性方式解决问题可能会导致考虑不全面、解决问题的成本代价过高等困难。所以，我们需要一种能够同时考虑诸多因素的非线性思维方式，而人脑中神经网络系统就是一种非线性思维方式，它在处理这类问题时具有极大的优越性，"人工神经网络有能力模拟随机的非线性功能"[2]。事实上，软计算中的人工神经网络就是模拟人脑神经网络系统设计的。具体来讲，人工神经网络是由大量的简单神经元构成的，各个神经元之间相互连接。当神经网络中的一个神经元接受外界刺激（输入信息）时，这个神经元会同时并行把这一刺激（输入信息）传递给

① BAI Y, ZHUANG H Q, WANG D L, 2006. Advanced fuzzy logic technologies in industrial applications[M]. London: Springer-Verlag London Limited: 101.

② HRISTOVA P K, MLADENOV V, KASABO N K, 2015. Artificial neural networks: methods and applications in bio-neuroinformatics[M]. Switzerland: Springer International Publishing: 316.

与它相连的其他几个神经元，而这些神经元也瞬间同时传递给与它们相连的神经元上，以此类推，由于传递速度极快，所以一个刺激（输入信息）几乎是在同一时间被无数神经元所接收。随着外界刺激（输入信息）的不断增多，无数神经元同时接收、传输这些信息，并在此过程中，对这些信息进行分类、组织、处理等，从而实现同时对诸多信息的自学习、自组织、自处理。软计算的人工神经网络能够同时并行处理诸多要素，这使它在处理现实复杂的非线性问题中具有极大的优越性。由此可见，客观世界是普遍联系的整体，这种普遍联系性决定了人脑在处理现实问题时采用非线性的思维模式，而软计算通过模拟这种非线性的思维模式，类似于客观世界的普遍联系性结构，因此软计算能够解决现实中的非线性复杂问题。

第三，软计算方法的最优化原理与客观世界中的生物进化性结构之间存在类似性。进化计算是计算机科学与生物遗传学相互结合而形成的一种新型计算方法，而客观世界中生物界物竞天择、适者生存的进化规律为进化计算提供了模拟蓝本。具体来讲，进化计算对编码数据进行简单的遗传计算和优胜劣汰地选择，并对不同区域的多个点进行搜索，最终以最大的概率找到一个全局最优解而不是局部最优解。可见，进化计算依托的是进化论，而进化论是客观世界中存在的一种自然法则，这种自然法则对生物物种优胜劣汰的选择，最终保留能够适应生存环境的物种，一代一代地选择下去，使得物种基因越来越优化。可见，进化计算所坚持的最优化原理类似于客观世界的生物进化规律，这与我们在决策中选取最优方案的需求不谋而合，故而进化计算可以有效解决这类复杂问题。

如上所述，软计算科学家通过研究客观世界的不确定性等结构，模拟人脑思维方式和人脑结构设计了以模糊性、非线性等原理为核心的软计算方法。正因为用软计算方法因果地解决了客观存在的不确定性等问题，软计算方法的内在原理实现了对客观世界结构的真理的进一步地接近。"软计算的目标就在于把握存在于神秘自然之中的世界模糊性、不精确性和不确定性。"[①]与此同时，软计算方法的这些内在原理不断地提供了对客观世界结构的精确洞察，因此客观世界结构对于软计算方法的这些内在原理来说，是因果的、可靠的。正是在这一可靠的实在基础上，软计算方法的这些内在原理才能够与客观世界的结构之间具有深刻的内在一致性。

二、软计算实在性的认识论特征

与硬计算不同，软计算方法具有容错性、非理性等特征。基于这些特征，我

---

① RAY K S, 2015. Soft computing and its applications, volume one: a unified engineering concept[M]. Oakville: Apple Academic Press: 1.

们可以看出，从硬计算到软计算，体现了计算科学逐渐从一种传统封闭狭隘的计算方式转向一种更加宽容开放的计算方式。而这一计算方式的转变恰恰顺应了科学实在论从固守科学主义框架中狭隘的规范理性向构造开放的动力学系统的认识论扩张趋向。在当代，科学实在论发展的一个重要方面就是科学实在论内在本质的认识论扩张。历史地来看，这一认识论扩张是科学实在论发展中自然而又必然的过程。在科学实在论认识论扩张的思维转变背景下，科学家突破了硬计算在计算层面上的传统偏见，弱化了计算结果的精确性，进而选择了软计算这一开放的计算系统，软计算方法的特征就鲜明地体现了这种认识论扩张趋向。

第一，软计算的容错性特征体现了从苛求精准到近似求解的认识论扩张趋向。在追求知识精确性的漫长历史中，科学的头号标准就是准确，精准无误一直是科学所致力追求的目标。但是，客观世界是复杂的，在自然科学的某些领域，我们可以通过精确计算来获得问题的答案，然而对于自然科学的其他领域及人文社会科学领域，其中绝大部分的问题是无法进行定量精确计算的，而是需要定性研究并做出模糊推理的。因此，在这些领域中，科学标准就不再那么准确了。同时，我们的认识目标也不再只是求得一个苛刻的精确值，而是扩张到可以求得一个近似值。在现实环境中，当推理条件并不完全具备时，大脑仍需进行推理判断，在这种情形下，我们运用模糊思维来进行近似推理进而处理这些并不完备的信息，在整个推理中某一处的信息缺失或者某一处的推理漏洞并不会影响整个推理的进行，最终得出近似值并做出判断，这就是容错性，即在进行模糊推理与判断中，容许有些许的错误与缺失。而软计算就是模拟人脑的模糊思维能力，基于模糊逻辑进行模糊推理，这极大地增强了软计算在处理复杂问题时的灵活性与容错性。所以，在解决复杂问题时，我们不必再苛求精准地计算，而只需寻求容许些许错误与缺失的近似计算，"智能系统借助于容错性等特征来处理不确定性泛滥的现实生活问题……"[1]。软计算的这种容错性特征恰恰体现了从苛求精准到近似求解思维的转变。以软计算方法中的人工神经网络为例，在整个人工神经网络系统中，某一个或某几个神经元的缺失并不会影响整个神经网络的运行，在输入某一信息后，信息开始在神经元之间接收、传输、处理，当遇到神经元的缺失部分，系统就会自动跳过、忽略不计，继续进行其他的运算，最终仍然可以得到我们需要的答案。软计算的这种容错计算方式在硬计算中是不可想象和不可实现的，它是基于人类思维从苛求精准到近似求解的转变中实现的。

第二，软计算的非理性特征体现了从绝对化形式理性到理性与非理性相结合的认识论扩张趋向。科学实在论倡导的科学理性既否定了逻辑经验主义绝对化的

---

① PYARA V P, 2000. Proceedings of the national seminar on applied systems engineering and soft computing[M]. New Delhi: Allied Publishers LTD: 301.

形式理性，也没有走向非理性主义的歧路，而是选择了一条理性与非理性相结合的温和道路。当然，这里软计算的非理性特征是指软计算方法合理纳入了非理性因素，而不是陷入非理性主义的泥沼，实现了理性与非理性的适度结合。正如我们所知，人脑对外界刺激做出反应和判断，仅靠理性思维是难以实现的，而是要通过直觉、思考、模糊判断、意向、信仰等诸多理性与非理性思维方式共同作用才可实现，这种融合方式大大扩展了我们所能处理事物的范围，提高了我们处理问题的能力和效率。而软计算模拟人脑的这种思维方式，也融合了理性与非理性因素。例如，在遗传算法中，编码的方式、种群的大小、遗传算子的选取等，每一步都存在着非理性因素；在人工神经网络的研究与运用中，神经元激活函数的选取、神经元之间的联结方式等过程中都存在大量的非理性因素。与此同时，软计算又是建立在严格的数学基础上的，其中的每一个命题和定理均可以被严格证明。因此，软计算方法真正模仿人脑思维方式，把理性与非理性相结合，拓展了人类处理现实环境中复杂问题的能力。

第三，软计算的开放性特征体现了从僵化封闭到灵活开放的认识论扩张趋向。自牛顿经典力学诞生以来，人类理性长期秉持一种机械的、僵化的、隔绝的认识方式。直至爱因斯坦的广义相对论的颠覆，人类思维开始打破各种人为的认识界限，开始沟通融合各个学科，尝试一种灵活的、开放的、交叉的认识方式。而软计算的设计与应用正是在这种人类思维整体转变的背景下进行的，具体以人工神经网络为例，人工神经网络没有局限于自身计算机传统的系统框架内，而是超越计算机自身纯粹形式系统的束缚，去融合各种要素，才实现了人工神经网络的进步，并在其功能意义上获得了更强的张力，从僵化的、呆板的计算系统变成了生动的、灵活的神经网络计算系统。从传统计算机的计算系统到现代人工神经网络的发展，充分体现了从封闭走向开放的认识论扩张。事实上，从总体上讲，软计算的设计与运用本身就打破了传统精确计算的局限，打破了计算科学与神经生物科学的界限，打破了自然科学方法与人文科学方法的界限等。这些开放性特征都体现了从僵化封闭到灵活开放的认识论扩张趋向。

如上所述，在现代科学技术迅猛发展的时代背景下，人类思维呈现出与时代相应的巨大转变，从传统机械的、孤立的、封闭的思维方式逐渐转变为灵活的、融合的、开放的思维方式。在人类思维的整体进步中，科学实在论所倡导的认识论也从固守科学主义框架中狭隘的规范理性转向构造开放的动力学系统。而这一扩张趋向也渗透软计算方法的研究中，科学家在研究软计算方法的过程中，自然而然地打破认识壁垒，拓宽认识视角，摆脱封闭僵化的思维方式，汲取现代思维方式的创新成果。我们可以看到，在软计算方法的几大特征中，充分体现了科学实在论由狭隘封闭到宽容开放的认识论扩张趋向，"认识论为评价一系列命题的一致性和可信度奠定了基础（借助于优先性和主观的证据性）"①。

三、软计算实在性的方法论原则

科学实在论的基本观点及其理论特征中蕴含着深刻的方法论意义，这对于软计算能够具有方法论层面上的指导作用。事实上，科学实在论本身又是一种科学方法论，它拥有符合其基本观点的内在方法论原则，并且这种方法论不是一个具有绝对性的封闭范畴，而是一个开放性的整体框架。在当代科学实在论的发展过程中，实在论者主动灵活地汲取其他一些先进科学方法（包括反实在论者所采用的研究方法），进而构建起了一个容纳各种科学方法的科学哲学体系。在这一立体综合的科学实在论体系中，软计算方法遵循着其中诸多的方法论原则。

其一，软计算方法遵循实在论的语境分析原则。客观世界是复杂的、多样的，所以我们对客观世界的认识不可能通过一种永恒不变的方式就可实现，而是要对客观世界中多样的、复杂的问题进行区分，在不同的论域内寻求最为适合的认识方式，从而提高认识世界本质的科学性，实现对真理的进一步探索。这实际上是一种语境分析原则——解决问题必须采用在同一语境内的解决方式，若是不分析语境、不考虑解决方式的适用范围，就很容易造成混乱，最终问题不得其解。具体来讲，我们对于客观世界的认识，根据实际情况的不同，会有不同的求解需求：硬计算以传统二值逻辑为基础，广泛应用于需要精确求值的计算领域，在一个简单的线性问题中，就必须运用精确计算来求得一个确定无疑的解，这时若是运用模糊计算，那么生活中的简单问题也将变得复杂而不可捉摸，甚至会造成生活的混乱；而软计算，基于模糊逻辑，广泛应用于仅需近似求解的计算领域，若在一个复杂的非线性问题中，就需要借助模糊计算来求得一个近似解，这时若是运用精确计算，就可能出现这个问题无从下手，或者无法求得最后解，或者求得最后解的时间成本过高等困难。因此，不同问题的求解属于不同的论域，不同论域的问题需要对应不同的求解方式，这就是在遵循实在论的语境分析原则，倘若在某一论域中运用了不相符合的求解方式，不仅不能获得理想的目标解，而且会造成认识上的混乱。正是从这个意义上看，软计算的模糊性和近似性在模糊逻辑的适用范围中就是一种精确性和真理性，倘若在模糊逻辑中按传统精确计算方式进行，这时得出的精确值却是远离目标值的，此时精确值的精确性是大打折扣的。换句话说，在模糊逻辑中，越模糊越近似就越接近真理。

再以软计算中的融合技术为例，在实际的软计算方法应用中，往往不是某种计算方法的单独使用，而是软计算诸多方法之间多角度的、非统一模式的融合应

---

① CASTILLO O, MELIN P, ROSS O M, 2007. Theoretical advances and applications of fuzzy logic and soft computing[M]. Berlin: Springer-Verlag: 110.

用。因此，具体需要哪几种方法的融合，这需要分析具体问题的指向要求，即要在具体的问题语境中进行选择，"软计算研究的一大挑战就在于它依赖于其成员方法优越性的有效整合，以使得软计算能够形成具体应用层面的优势"[①]。例如，在决策分析中，我们就可以将粗糙集与遗传算法进行充分的融合，二者优势互补、操作便利，这就既利用了粗糙集进行属性约简的优越性，又借助了遗传算法进行全局寻优的能力，从而最终从数据库中求得快速决策的有效路径。再如，在故障诊断中，我们可采用粗糙集、人工神经网络和遗传算法的融合，将三者结合起来以克服软计算精确度不高的问题，并且将粗糙集的抽象思维计算结果与后两者的形象思维计算结果进行加权融合，这样可以提高故障诊断的整体可靠性。由此可见，在不同的应用领域中，我们需要灵活地融合不同的软计算方法，也就是在不同的问题语境中，寻求不同的解决方式，通过融合符合语境需求的计算方法，以最节省成本的方式获得满意解。因此，在整个软计算的融合技术中，最为关键的还是要对问题进行语境分析，并且明晰解决问题所需的条件，然后再进行具体方法的选择和融合。

其二，软计算方法遵循实在论的目的与方法相统一的原则。科学目的与科学方法论的统一是实在论所弘扬的科学理性的内在要求——软计算方法作为计算科学领域的一种新型的方法论探索，它必然是与软计算研究的目的相统一的——软计算方法与目的的统一性主要体现在两个方面。一方面，软计算方法不能脱离软计算研究目标层面上所渗透的对科学真理性的追求。正如我们所知，硬计算是一种封闭的、僵化的计算方法，它所能解决的问题也是局部区域内的线性问题，对于其他人文社会领域的诸多复杂问题，这种精确计算便呈现出它的局限性，而软计算是一种灵活开放的计算方法，它能解决人文社会领域中的复杂问题，从而提升人类对于客观世界的认识能力和实践能力。因此，软计算研究的开展，在成功解决现实的复杂问题过程中，首先就是对人类理性能力的进一步超越及对客观世界认识的进一步突破，同时也是对计算机技术解决问题能力的进一步探索。再者，软计算方法的兴起和发展与现代科学技术兴起、发展的时代背景紧密相关，其目标旨在于解决自然科学领域和人文社会科学领域中存在的复杂非线性问题，当这一直接目标成功实现时，就会伴随着对问题认识的进一步深入而产生对解决问题能力进一步提升的要求，从而实现对客观真理的进一步接近。倘若脱离对研究目标中科学真理性的追求，那么软计算也将不可能顺利解决实际问题，而软计算方法也就没有了成功实践的可能。另一方面，软计算研究的目标对于软计算方法具有内在的规定性。由于软计算是以解决现实复杂问题为研究目的的——基于此目

① CHATURVEDI D K, 2008. Soft computing: techniques and its applications in electrical engineering[M]. Berlin: Springer-Verlag: 5.

的，软计算确定了一系列的方法论原则，这是软计算抽象方法具体化的必然要求。在具体的软计算方法中，其成员所遵循的方法论原则大致可以被归结为语境分析原则、融合性原则、目的与方法相统一原则及最优化原则等。

综上所述，自 20 世纪后半叶以来，伴随现代科学的进步和人类思维的转变，科学实在论理论也得到了进一步的发展与更新。为此，科学实在论抛弃了传统实在论中"抱残守缺"的偏见，选择了一条温和开放的发展路径，而且这种温和开放的分析视角渗透在软计算方法的实际应用过程中，并且为软计算研究提供了坚实的实在性基础。在这里，软计算的这种实在性就体现于科学实在论视域下的本体论、认识论、方法论中：软计算方法的模糊性、粗糙性等原理与客观世界的不确定性结构之间存在类似性，这充分说明软计算方法是以客观世界的不确定性结构作为其本体论基础的，这一本体论基础必然要求人们秉持一种开放灵活的认识论展开路径，而软计算的容错性等特征恰恰体现了科学实在论由封闭僵化到宽容开放的认识论扩张趋向。与此同时，软计算实在性的本体论基础决定了软计算要遵循语境分析等方法论原则。当然，软计算所体现的宽容开放的认识论特征及其所采用的语境分析等方法论原则也反过来夯实了软计算本体论层面上的实在性基础。可见，软计算的实在性存在于科学实在论的本体论基础、认识论特征和方法论原则的统一整体当中，这三者共同诠释了软计算方法是人类解决复杂难题的内在要求，同时也是客观世界得以被人类进一步认识与改造的必然选择。

第三节　软计算的语境论思想

在关于软计算的确定性与不确定性展开辩论的过程中，当代的语境论思想很好地容纳和超越了传统的逻辑经验主义、历史主义传统，从而为软计算的确定性、不确定性问题的解决提供重要的思路。对于软计算成员中的几种主要算法如模糊集、粗糙集、遗传算法和神经网络算法而言，尽管它们只是基于具体的计算科学视域创新而试图改变传统计算方法的局限性和低效性，但是这些算法在方法论层面上的空间拓展却潜在地符合了当代科学哲学打破科学与人文、理性与非理性二元对立的整体论的研究趋向。无疑，上述这种研究趋向也正是当代科学语境论思想的基本立论所在——语境论思想以语言逻辑作为理论的轴心与起点去展开研究，在此过程中理论的语形、语义和语用层面被有机地融合在一起了，并且在三者之间建立起了相互贯通的立体式结构。为此，我们有必要将语境论的视角引入到软计算方法的具体研究过程之中，这种研究视角可以使我们更加清晰地观察到软计算成员内部的不同算法沿着不同的理论轨迹、朝着不同的理论目标展开构造的过程中所具有的特征、优势及其存在的不足之处。

一、模糊集计算的语境论内涵

对于语言逻辑的形式化体系而言，其语形越规范，与之相对应的理论的语义内涵就越小；反之，其形式化体系的可变量范围就越小，与之相对应的理论的语义内涵就越丰富。因而，在模糊逻辑之中，理论构造的语形与语义边界处于一种反比例的对应关系之中。对于模糊集方法而言，它希望在规范的语形构造过程中引入不确定的变量，而这种不确定的变量恰恰已经直接地改变和超越了严格逻辑语形的封闭性、定域性和狭隘性。因而，模糊集方法的这种计算操作策略实际上是扩大了逻辑的语形边界，并且充实和丰富了其语义内涵；另外，模糊逻辑的主要着眼点在于处理不确定性的知识和近似推理，而这种不确定性和近似性恰恰是知识、理论在语用层面上本质性特征的反映，"模糊逻辑系统在广义上具有相当丰富而深刻的语用内涵"①。从语境论的思想来看，经典集合论所秉持的是一种绝对确定的排中律法则，这使它很难从容地应对现实世界中难以明确定义的事件情态，而这种关于事件情态的模糊性特征通常而言又是一种普遍存在的事物的自然规律。例如，由于相关的语境要素和条件尚不完备，某些事物和现象表现出了一种似是非是的中间过渡状态。

相对而言，在人脑的内在运作机制中，以语形、语义和语用分析相结合的语境化思维是一种自然而又必然的精神活动过程，它能够很好地容忍认知对象的模糊性、不完整性和不精确性，并且基于语用的实践与目标选择建立适当的目标达成路径。在此过程中，相关的语境要素和条件会依照一定的目标引导路径自动地展开组合、排列与集聚效应。此外，对于随机性事件而言，语境条件和要素对某些特定现象的支持力度不够，这使得仅有的语境条件与事件结果、目标之间很难建立起一一对应的关系。为此，以贝叶斯理论为代表的概率推理模式希望以概率论作为工具去把握事物、现象的整体规律性特征。因此，从语境论的思想来看，事物和现象都是在特定的时空背景下，依据一定的自然和社会条件相对应存在与发生的，不同的支撑条件和要素在动态的语境化构造过程中会造就不同的可能世界，这些可能世界具有无限多样的可能状态，而现实世界却只能表现为其中的某一种状态。为此，语境论思想立足于把握事物、现象形成的具体条件与关系，并且通过不确定性当中的确定性把握去探明事物的本质，这与模糊集的展开方法具有一致性和类似性。例如，模糊集中的隶属函数所强调的是专家知识的主观性特征在智能推理和分析过程中的相对灵活性，而这种灵活性在知识挖掘和符号化语言的操作过程中恰恰突显出了语境的整合性、创造性与生发性特征，"一个规范的

---

① TAMIR D, RISHE N, KANDEL A, 2015. Fifty years of fuzzy logic and its applications[M]. Switzerland: Springer International Publishing: 202.

模糊语境是一个（X，Y，I）的三元组合，其中 X 和 Y 是对象与属性的确定集合，而 I 则是 X 与 Y 之间的一种二元模糊关系"①。

事实上，由对于理论语言精确性形式的理想化追求，到走向基于以语用为特征的语言游戏和语言交往活动的非完全决定论，这正是后期的维特根斯坦发动语言哲学领域中哥白尼式革命的动力根源所在。在维特根斯坦之后，在分析哲学和语言哲学当中引入语境论思想已经成为一项不可回避的理论选择。由这一点可以看出，模糊集方法从计算的角度出发，遵从逻辑推演的基本规律，并且有意识地将逻辑语形的严格约束推进到了科学的语境决定论的层面，这既是模糊集方法所提出的理论旨趣所在，同时也是其方法论创新的重要指导原则。例如，在模糊推理的过程中，相关的信息所组合而成的语境结构融合了线性与非线性的双重特征，这使得信息的组织不再是一种由部分到整体的简单相加，而是成为一种具有动态性与开放性特征的语境化处理过程。

简要来说，模糊集方法模拟了人脑的语境化经验、知识处理能力，并且准确地把握住了语境系统的精确性-复杂性之间对立统一的关系。也就是说，语境系统内部的要素越多、结构越复杂，其中所包含的个体事物的模糊性就越强；反之，语境系统内部的要素越少、结构越简单，其中所包含的个体事物的模糊性就越弱。由此出发，模糊集方法着力于在模糊关系与模糊数据库的边缘地带去发掘语境的边界与范围，这充分体现了语境化认识论的意义与价值。

二、粗糙集计算的语境论特征

粗糙集方法本身作为一种处理不确定性信息和数据的理论，在人工智能领域获得了广泛的应用，其方法论优势也使得它能够与数理统计和证据理论等诸多学科方法产生交叉与融合，这充分显示出粗糙集方法在跨理论语境之中的效力和作用，"粗糙集理论为智能知识发掘提供了一种独特的方法论"②。我们从粗糙集方法的展开过程来看，它在诸多方面与语境论的思想存在着契合之处，这主要表现在以下几个方面。

（1）粗糙集方法将知识库看做是一个关系系统，而语境论思想也认为对于要素或者成分的考察应当在一个与其相关联的系统结构之中展开。在粗糙集方法应用于知识挖掘的过程中，相应的实施对象是一种关系型的数据库，而其中的数据是以关系表的形式来加以表征的，这样就形成了一个由属性值排列而形成的知识表达系统。应当指出，这种知识表达系统实际上就是一个语境化的系统，在这一

---

① BĚLOHLÁVEK R, KLIR G, 2011. Concepts and fuzzy logic[M]. Massachusetts: MIT Press: 190.

② PETERS G, LINGRAS P, ŚLĘZAK D, et al., 2012. Rough sets: selected methods and applications in management and engineering[M]. London: Springer-Verlag London Limited: 4.

语境系统中的对象被分别赋予了不同的属性值，"人们认为复杂粗糙集是建立在复杂语境基础上的，其中的每一种语境都被视作是一种属性的亚集合"①。

（2）粗糙集方法采用已知知识库中的知识来处理、分析和推断不确定性的知识，这与语境分析的生发性和创造性的功能是基本一致的。粗糙集方法采用了数据化简的操作策略，在此过程中，它力图保留关键性的信息，进而从一种类似语境相对论的视角出发去发现隐含的知识和潜在的规律。我们知道，对于语境的关联性系统而言，其中任意对象的属性、特征都是通过各种方式与其他的对象及整体语境之间存在联结的。由此出发，我们就能够在一种对象关系的网络之中去认知尚未明确把握的对象属性。在跨语境的认知过程中，相关联的语境处在一种动态发展与演变的趋势中，这使得语境的整体跃迁不是完全断裂的、绝对排斥的，而是在不同的演变语境之间存在着必然的联结。因此，要判断两个不同的语境之间是否存在着前后相继、相互关联的因果逻辑关系，我们就可以去考察跨语境之中是否存在着某些核心的对象和要素作为语境构造的基础——这一点恰恰与粗糙集方法的关键信息保留策略是基本一致的。

（3）粗糙集方法采用定性与定量相结合的分析策略和知识约简的并行处理方式，使其能够高效地消除冗余信息并处理大数据的问题，而这与语境论思想的立论依据及其表现特征不谋而合。对于语境论思想而言，它反感于逻辑经验主义单纯逻辑语形构造的狭隘性缺陷，放弃了理想语言构造的宏大模式，进而立足于本体论、认识论和方法论的有机结合，将社会、历史和意向性的要素引入语境概念的科学构造之中，这使其具备了一种超越简单量化分析的理论解释和理解能力。在这种基于语境平台的解释和理解过程中，问题的求解能够以一种非线性逻辑的方式加以展开，这体现了语境论思想对于粗糙集方法构造、发展和创新的指导性作用。

（4）粗糙集方法借助于上近似集、下近似集来实现对象的分类认知，并且能够识别数据库之中的信息异常，从而提高信息处理的抗噪声能力，而这与语境论思想的理论旨趣和目标追求具有贯通性。值得一提的是，语境论思想在当代科学哲学之中的发展和成熟与以粗糙集为代表的软计算方法具有大体相似的时代背景，在各种自然科学、认知科学蓬勃发展的今天，人类面临着诸多的复杂性科学、哲学难题，而对于这些难题的求解却往往各具争议，难以形成有效的对话和沟通渠道，而语境论思想的提出为科学、哲学论争的展开奠定了统一的基础。它通过相关要素、结构的系统整合，能够为目标问题的解决提供便捷的路径，而这一点恰恰是粗糙集方法本身的精髓所在，同时也是其未来理论创新的重要指导原则。

---

① Wang G Y, 2003. Rough sets, fuzzy sets, data mining, and granular computing[M]. Berlin: Springer-Verlag: 280.

概而言之，粗糙集方法所采用的事物划分——论域区分原则本质上是一种在模糊的、不确定的事物存在状态之中去有意识地进行语境分析的基本思想，这一思想指出以研究对象为核心、以对象的关联要素为纽带的问题解决路径。在此过程中，知识库被设想为是一种相对封闭的认知界限，而知识库中的个体则被看做是具有多重联系类型的存在物，正是这些多样化的网络联系构成了动态变化的语境框架。因此，在粗糙集方法所构造的整体语境化结构内部，个体的对象能够具备一种确定性认知的基本前提，当然这也从另一个方面预示了粗糙集方法本身也并非绝对完备的，它必然在方法论的视角上存在着向外扩张的可能性与必要性。

三、遗传算法计算的语境论旨趣

遗传算法是软计算成员当中的一种比较特殊的算法，它从达尔文的生物进化论和孟德尔、摩根等的基因遗传学当中吸取了思想营养，从而形成了一种优化的计算搜索策略。应当指出，遗传算法是将现代科学的成就从思维方法论的层面上加以提炼，并且将其与当代复杂性科学问题的解决加以融合而提出的一种全新视域。与之相类似，语境论思想同样建立在当代科学繁荣发展的背景下，它的提出是与时代科学、哲学的崭新飞跃具有同步性的，并不是没有任何现实根基的。在此，语境论思想所秉持的是一种科学实在论的立场，而这种立场恰恰也是建立在当代认识论取得巨大突破与进展的基础上——语境论思想不仅迎合、凝练了科学、哲学发展的时代趋势和思维创新成就，而且在抽象方法论提升的层面上能够指导未来科学、哲学的进一步发展。就此而言，我们从语境论思想的视域出发来展开对于遗传算法的考察，具有多方面的重要意义与价值，具体来说主要有以下几个方面。

首先，遗传算法模拟了自然、事物进化、演变的基本规律，它强调动态性、阶段性和过程性的认知结构，这与语境论的思想具有一致性。我们知道，"语境的运动、变化和发展的过程，就是一种再语境化的过程"[①]，这意味着特定的具体语境不是僵化不变的，而是随着认识的发展不断地扩充和改变语境的内涵、边界与结构，从而使得认识的语境不断地发生转换和跃迁。可见，进化论的思想作为一种普遍的世界观，已经广泛地渗透到人类思维方法论的构造过程中，这使得遗传计算方法能够借助于语境论的思想而得到较好的诠释，"进化算法提供了一种便利的语境，在其中多种方法论的策略得到了融合"[②]。

其次，遗传算法强调全局寻优的能力，符合语境整体论的理论特征——遗传算法所采用的是并行的群体优化策略，而非点状的计算展开过程。在语境化的认

① 郭贵春，2002. 科学实在论教程[M]. 北京：高等教育出版社：256.

② FOGARTY T, 1996. Evolutionary computing: AISB workshop[M]. Berlin: Springer-Verlag: 270.

知展开过程中，事物和对象是以一种关系结构的簇状模型联结而形成一条因果性的认知链条的，这一链条不是一种线性逻辑的展开状态，而是一种类似 DNA 螺旋的要素、成分的集聚演变状态。这样，我们就能够将认知的基点确立为要素、成分的类聚体之上，并且由此出发去展开多向性的认知路径，这充分显示了遗传算法在认知层面的语境层次性、系统性和结构性特征。

再次，遗传算法从语境相对论的思想出发，强调语境在特定认知环节当中的相对封闭性、确定性特征。对于遗传算法而言，外部信息并不是其重点采纳的对象，而是以目标函数即适应度函数作为理论依托的。从语境化的认知思维来看，对象或者事物的存在、作用轨迹、规律是要以整体的语境作为基础的，这种整体的语境赋予了其所包含事物存在的意义与价值。因此，遗传算法之中的适应度函数恰恰彰显了整体的理论语境在对象分析过程中所具有的约束性和控制性效力。

最后，从语形和语义分析相结合的视角出发，遗传算法主张采用概率搜索的方式，以产生优良适应度的个体，并且以决策变量的编码作为运算的直接对象。我们知道，语境的具体存在不是孤立的、无序的，在表面偶然的语境背后一定潜存着某种必然性和规律性，而语境本身能够超越单纯的逻辑形式的桎梏，以达到内在语义状态与外在指称关联的相对一致性。因此，遗传算法的符号编码策略能够很好地为基于计算语境的目标实现提供帮助，而概率搜索的方式也使其能够在无序的计算对象之中去把握对象的本质规律性，进而实现在具体语境之中有序对象的构造与整合。

如上所述，遗传算法所采用的试探解——问题解决路径及迭代选择——方法创新思维在哲学的层面是与语境论的思想存在相通之处的。其原因就在于，任何理论的语境都不是独立自存的、绝对封闭的，理论本身所赖以构造的语言逻辑无论是从语形的层面来看，还是从语义的层面来看，都与人类不断演化、调整的世界观、认识论存在着千丝万缕的联系。在这种对于事物关系的复杂性规律把握过程中，我们能够超越烦琐的线性计算推演而从语境与对象之间的整体协同效应出发去建立优化的对象认知路径，这一点正是遗传算法的目标所在。

四、人工神经网络计算的语境论基础

在对于神经网络算法的语境化考察过程中，我们发现，神经网络算法的运算推演过程所展现出来的认知路径、方式和特征是与语境化的认知模式具有类似性的。神经网络算法的基础是生物神经元系统，生物神经系统由巨量的、自组织的、彼此关联的细胞组织构成，这些细胞就是神经元。神经元作为神经系统的基本单元，组成了复杂的神经网络结构，它们共同构成了人类大脑认知的基础。对于神经网络算法而言，它希望模拟大脑神经系统所具有的结构性功能，而这种功能的展现具有多方面的语境论思想意蕴，主要表现在以下一些方面。

第一，神经网络算法在信息处理的过程中强调自下而上的语境层级数据结构特征及信息语境的整体性功能。在类似于冯·诺依曼的计算机问题求解过程中，程序指令的执行是线性的、串行的，然而人类大脑对于事物、世界的认知却是建立在分层级的、立体网状的神经元结构上的。从语境论的思想来看，理论的语境绝不能被看做是一种单一的扁平状结构，而是一种立体式的、网络联结的结构，在每一相对独立的语境单元基础上又形成了系统化的复杂语境世界。由此可以看出，神经网络算法所依托的大脑认知结构具有复杂的语境系统功能，这使其能够有效地应对计算机复杂难题和人工智能的自组织联想记忆等问题。

第二，神经网络算法模仿了人脑的语境化信息处理机制，这使其能够在自适应能力培养的基础上实现无监督的学习。我们知道，人脑的结构是非常复杂的，其中既有左脑主导逻辑思维的神经网络分区，同时也有右脑主导形象直觉思维的神经网络分区，而这两个分区并不是相互独立的，事实上它们是被镶嵌在一个有机关联的神经网络系统之中的，这样便能够实现逻辑与非逻辑、理性与非理性、形象思维与抽象思维之间的良好协调，而这种协调关系尽管在人脑当中是自然而又必然的，然而目前已有的人工智能构造却在这方面仍然有所欠缺，这使得人类的智能水平复制和模拟受到了很大的局限。相对而言，语境论思想所主张的以理论的语用目标为导向，并且围绕理论本身所展开的语形构造和语义分析则与神经网络算法的展开存在着很多方面的一致性。

第三，神经网络算法采用了并行分布的语境化数据分析模式，并且将信息处理和信息贮存的功能合二为一。对于人脑而言，我们思维过程的展开——分析、判断和推理的过程并非一种线性连续的过程，而是由大脑的不同神经分区同时分别执行各自的分析处理任务，人脑在处理复杂问题时候能够简化操作流程、提高运行效率。从语境论的思想来看，意义的实现是与主体的理论、社会和历史背景相关的，并且在此基础上能够实现语境相关要素的协同运作。在此过程中，认知的多重具体语境构成了一种不断构造和叠加的语境复合系统，在此复合系统中的每一具体语境既是整体信息处理机制的参与者和运作者，同时在其内部也兼有一定的具体结构，这使得每一具体语境从外部来看是作为一个要素和成分发挥作用，而从其内部来看则构成了一定的知识和信息的集合体。由此我们可以看出，神经网络算法具有典型的语境论思想的精神实质，并且两者之间在方法论的层面同样存在着极大的理论关联度。

第四，神经网络算法以具体语境的最满意原则作为计算分析的目标，并且用已知非线性的系统去模拟真实世界的复杂系统，进而以一种语境化的策略去解决人类认知的黑箱问题。因而，"人工神经网络被看做是一个黑箱……通常被称为非模型化的近似"①。在这里，以语用为导向的语境化系统推演所考虑的是主体在多重目标导向平衡与协调基础上的一种选择和判断，这种选择与判断未必是如逻辑经验主义所主张的问题求解的唯一终极答案，而是考虑到了路径选择的主体间性的问题。显然，神经网络算法的非线性推演模型是一种动态化的语境模型，这种语境模型的独特性表现在：人们可以依据语境本身的关联性、结构性和系统性去实现新的知识、信息地发掘与凝聚，从而扩大我们原本存在的认知边界，这正是人工神经网络算法方法论的优势所在，而语境论思想无疑在其中发挥了潜移默化的支撑性和基础性的作用。

五、软计算方法融合的语境论趋向

从上述不同类型的软计算方法所具有的语境论思想特征可以看出，各种具体的软计算方法只是某种基于特定的理论目标导向而形成的各具差异、各有侧重的计算分析策略，"对于计算系统而言，语境意识就表现在它有能力为使用者提供基于他们情态条件的相关信息和服务"②。其根源在于，当代科学之中的各种复杂性难题表现类型多样、特征多变，因而模糊集、粗糙集、神经网络和遗传算法等软计算方法把握到了这些复杂性难题当中的困境和症结，进而有针对性地提出了一些解决方案。然而，在科学爆炸性的发展及人类自然科学和社会科学深度整合与渗透的今天，单纯的某一种算法已经很难应对不断涌现的各种新型复杂性问题。基于这种考虑，软计算的研究工作者一方面不断地提出各种经过改进的方案，如鱼群算法、模拟退火、混沌系统和序数优化等软计算方法的类型，另一方面学者也尝试着在不同的软计算方法之间进行跨界整合与交叉应用，这使得软计算方法在横向层面上实现了更大程度的方法论能力的提升。从语境论的思想来看，各种类型的软计算成员之间的互动与联合实际上是为了更好地把握语境本身的丰富内涵与特征，并且试图将这种认识论的成果应用到某些更为复杂的人工智能问题的求解过程中，这充分显示出了语境论思想所具有的包容性、协调性、基础性和开放性的理论优势。

以模糊集与粗糙集为例，两者之间在很大程度上具有语境基础上的协调性与互补性。从语境论的思想来看，与理论相关的要素和事件成分在一种网络化的结构当中呈现出一种相互沟通与协调的有机状态，这就为理论的语境分析赋予了一种主观性与客观性双重并立、相互转化与相互补充的特征。模糊集所倚重的隶属

① GOVINDARAJU R S, RAO A R, 2000. Artificial neural networks in hydrology[M]. Dordrecht: Springer Science&Business Media: 2.

② RUTKOWSKI L, KORYTKOWSKI M, SCHERER R, et al., 2015. Artificial intelligence and soft computing[M]. Switzerland: Springer International Publishing: 416.

函数根源于专家经验的主观性，这使其客观性的评价标准受到了人们的质疑，而粗糙集的上近似集、下近似集强调知识库对象的客观性，使得它能够与模糊集形成很好的互补关系。在数据操作的实践过程中，由模糊集方法所启发的确定知识的高阶推演则能够为数据分析效率的提升带来很大的益处。实际上，由数据和信息所构成的语境是具有本体论的实在性的，这种实在性使得我们可以将某些特定属性的具体语境作为理论分析展开的经济的基础——在这种约定的语境内部存在着语形、语义和语用规则的有效关联，而在约定的语境外部则存在着更大规模与范围的语境整体性运行机制。正是由此出发，模糊集方法引入了粗糙集方法的上近似、下近似策略，从而弥补了其客观性的缺陷，在其中由两个隶属函数衍生的区间"描述一个元素隶属于一个模糊集的可能性范围，而不再是之前的元素与隶属度之间一一对应的情况"①。相对而言，模糊粗糙集则立足于将模糊集之中的低阶语境确定性知识"转变为粗糙集中的等价关系，得到粗糙集上的一簇等价类"②，这样便能够促使粗糙集的数据分析效率得到很大的提升。

以粗糙集算法与神经网络算法为例，两者之间在方法论的层面上存在着语境的关联性与统一性。粗糙集算法的主要缺陷在于它的抗干扰能力较弱，比较容易受到信息噪声的影响，因此在一些复杂的条件下其计算的可靠性就会受到影响。从语境论的思想来看，粗糙集算法的主要理论优势表现在其逻辑分析和符号演绎方面，它着重于强调语形-语义关联的有效性，而神经网络算法着重于强调类似于人的右脑的形象直觉思维，它在对于信息的语境化价值判断及语境化的信息约简等方面会显得低效和迟滞。显然，粗糙集算法与神经网络算法之间并不是相互排斥的，而是可以在很大程度上实现二者之间的有机结合。对于这种融合关系，语境论思想持有一种肯定和接纳的态度，其原因在于：20世纪后期以来，科学与人文、理性与非理性、逻辑与非逻辑之间严格对峙的局面早已经被打破，人们已经意识到了上述这样一些矛盾和对立的方面实际上都是从属于人类作为整体的认知机制当中不可分割的一部分。为此，计算科学家试图去改变这一不利的局面，进而在传统意义上被广泛地视为人类理性"高峰"的计算科学领域中超越"说明"，走向"理解"与"解释"。出于这一目的，人们在计算分析的实践过程中首先采用粗糙集进行数据约简，此后再引入神经网络计算的迭代持续抗噪推演，这就为基于语境的计算目标的适应性提供了极大的便利，"粗糙神经计算模型……在设计局域近似空间的语境中……是非常重要的"③。

总体来看，软计算方法与语境论思想的结合具有多方面的理论必然性，它作

① 汤建国，2010. 粗糙集与其他软计算理论结合情况研究综述[J]. 计算应用研究，27(7)：2405.
② 汤建国，2010. 粗糙集与其他软计算理论结合情况研究综述[J]. 计算机应用研究，27(7)：2406.
③ PAL S K, POLKOWSKI L, 2004. Rough-Neural computing: techniques for computing with words[M]. Berlin: Springer-Verlag: 471.

为人工智能研究领域中的一种重要的方法论创新，具有广阔的应用前景和巨大的实践空间。因此，我们在软计算方法的研究过程中引入了语境论思想的诠释模型——其目的不仅是指出在方法论的层面上语境论思想潜移默化地渗透于具体的计算科学领域之中的必然性与合理性，同时也是揭示在新的时代背景下人类思维从整体上趋向于进步与发展的规律性特征。从更具一般性的意义上来说，语境论思想能够为软计算方法研究的进一步飞跃提供一种可供借鉴的思想基础与对话平台，从而使得不同类型的软计算方法之间进行融合，形成更具合理性的评价标准。特别是，对于更高水平的人工智能的研究而言，软计算方法在很大程度上被科学家寄予了一种能够突破智能瓶颈、提升机器智能自主性能力的希望。在此过程中，软计算方法借助于语境论思想的指导，有能力将认知哲学的本体论基础、思维科学的认识论机制、人工智能的技术方法论实践有机地结合起来，从而为人类自然科学与社会科学的共同进步做出更大的贡献。

第五章

软计算：确定性的升华

　　系统论的思想与科学确定性的原则紧密关联，同时系统论的思想作为当代科学方法论的一种，也在很大程度上拓展了科学确定性的核心范畴。软计算方法的提出潜在地契合了系统论思想的核心要旨——正是在系统论思想的支撑下，软计算的理论阵营才得以不断扩大，其方法论优势才更加凝聚：软计算理论坚持多种计算方法论策略之间的系统整体性与协调性；软计算方法力图把握非线性系统、复杂系统之中的内在结构性与逻辑层次性；软计算方法着眼于求解复杂问题的系统目标性与趋向性；软计算方法强调研究对象模型构造的系统开放性与动态性。此外，软计算方法论策略的重要特征还表现在对计算分析过程中系统突变性与稳定性的关注和重视。

　　在当代相对论的思想看来，科学研究的不确定性特征固然是科学家无法回避的事实，但是当代科学的、有原则的相对论绝非是要导向相对主义的不确定性泥淖中去，而是要试图实现传统不确定性科学原则的进一步升华。软计算方法的提出与人类思维的整体进步具有密切关联，其中相对论的思想成为软计算方法论构造的重要基础。模糊集方法打破了古典逻辑精确性要求的绝对论倾向，并且在相对论思想的指引下将主观性、模糊性引入了计算分析的过程中；粗糙集方法借助于知识约简和论域划分的原则保持了一种在数学计算层面上的确定性与不确定性之间的相对平衡；人工神经网络算法通过对人脑结构性功能中整体与部分之间复杂的相对性特征的把握，为人工智能的技术实践提供了重要依据；遗传算法通过对生物进化、遗传过程中稳定性与变异性等相对性特征的借鉴，为人工智能的系统设计提供了一种相对较优的计算分析路径。

　　对于当代科学决定论的思想来说，确定性在科学研究的视域之中并不是一种绝对的、不可变通的认识论原则，科学决定论并没有否定在本体论立场上世界确定性的基本立场，而是主张人们要在认识论和方法论的层面上全面地看待某一项具体的科学问题。也就是说，决定论思想是软计算在认识论而非本体论层面上所采取的一种求解问题的有效工具与手段，软计算的推演过程同样严格遵循因果性和规律性的公理法则；同时，软计算反对一切形式的严格决定论（机械决定论）、非决定论与反决定论，它所坚持的是一种科学的、有原则的决定论；决定论思想是软计算在处理模糊性、随机性与粗糙性等不确定性和不精确性问题时坚持科学实在论立场的可靠支撑；软计算为决定论思想在当代新兴科学领域之中的影响力扩张与地位巩固奠定了更加坚实的基础。

第一节　软计算的系统论

尽管软计算的系统方法与哲学方法论层面上的一般系统论思想从源头上来说肇始于不同的理论层面，但是我们也应该注意到，软计算方法在求解具体的科学问题时所采用的定性与定量相结合、立足于挖掘和把握研究对象结构性特征，进而达成目标优化任务的研究路线与哲学系统论的思想是不谋而合的，为此，我们有必要将软计算方法置于系统论思想的背景下进行考察。

一、软计算的"整体性"与"统一性"

系统论的思想实际上是辩证法理论的细化与深化，它使得辩证法的理论更加丰富、充实与完善。尽管系统论的思想源头最早可以追溯到遥远的古希腊哲学时期，然而现代系统论的思想却无疑是与科学革命的背景紧密相关的，现代系统论的思想首先诞生于自然科学的实践领域之中，然后才向其他领域扩散并最终上升到了抽象的哲学方法论的层面，"系统论科学发端于几个不同的科学领域：控制和通信理论以及模型理论和计算机科学"[①]。20 世纪 50 年代，由贝塔朗菲（L.V. Bertalanffy）生物有机体的系统论思想演化而来的一般系统论思想在多个自然科学领域当中得到了广泛应用，并且在人文社会科学研究领域之中也获得了极大的声誉。当然，在生物学和哲学领域之外，基于数学分析的莫萨洛维克（D. Mesarovic）的一般系统论、基于社会学研究的巴克利（W. Buckley）的社会系统理论、基于物理学研究的普利高津（I. Prigogine）的耗散结构理论也都为现代系统论思想的进一步发展与完善做出了贡献。

受到现代系统论思想的影响，软计算理论坚持多种计算方法论策略之间的系统整体性与协调性。我们知道，科学系统论的思想认为，任何事物作为一个系统在其内部诸多要素之间都是存在关联的，正是系统内部要素、成分之间的相互作

---

① BOSSEL H, 1976. Systems theory in the social sciences[M]. Berlin: Springer Basel: 1.

用与相互结合才为系统的形成奠定了扎实的基础。也就是说，在一个既定的系统内部存在的要素与成分之间必然具有多方面的类似性与关联性，它们之间从整体上来看是协调的、而非处于矛盾之中的。对于软计算方法而言，在模糊逻辑、神经网络算法、遗传算法、概率算法及模拟退火等各种具体的计算方法之间并非毫不相干的，而是相互结合、相互补充的。事实上，扎德在最初提出软计算这一概念时就明确指出："软计算内部的各种方法之间在求解问题的过程中是相互协作的……这将最终会形成一种综合的智能系统。"①这意味着，上述不同的软计算方法限于各自问题域特性而形成的理论倾向必然会在介入其他问题域的过程中暴露出其局限性，这就为在求解某些更为复杂的问题过程中实现多种软计算方法的捆绑与结合提出了迫切的需要。

　　从软计算方法的应用情况来看，模糊集方法基于专家经验的依赖性而产生了主观性的倾向，它可以与不设前提假设条件的粗糙集相结合而形成粗糙模糊集和模糊粗糙集，"粗糙集和模糊集理论逐渐接近并互补，以满足实践的需要，并应对源自于非精确、噪声的和非完善信息的不确定性"②；由于粗糙集的弱噪声排斥能力影响了它在复杂环境中的效力，因此粗糙集方法可以与神经网络方法联合起来而兼具逻辑思维与直觉思维的双重智能效果；在属性约简方面，粗糙集比较适用于恰当的问题边界范围内，而遗传算法则在全局寻优和并行规模化问题分析方面独具优势，由此就形成了以遗传算法为依托的粗糙集约简策略，这使得粗糙集算法中难以解决的启发式推理能力得到了有效的提升。此外，遗传算法与模糊逻辑相结合而形成了模糊遗传运算法则，神经网络方法与遗传算法相结合而形成了遗传神经网络方法。

　　究其根源，上述软计算方法在研究策略与研究路径方面的融合趋势充分反映出基于对世界主客观存在事物、现象规律性进行统合的软计算方法论在哲学层面上的整体性与统一性。应当指出，各种具体的软计算方法都是在计算科学的领域之中针对某些复杂现实问题而提出的研究路径，这些研究路径具有科学的属性和内涵。也就是说，软计算方法并不拘泥于哲学方法论的抽象性局限，而是一方面瞄准研究对象的内在规律和性质，另一方面又通过可检验的逻辑推演路径来展开有效的预测和分析。如果我们从软计算方法的内部来看，其不同的研究路径是具体的、多样的、有着明确问题导向特征的；然而，若是我们从软计算方法的外部来看，这些具体的研究路径又殊途同归，它们同属于哲学抽象方法论的具体表现形态。因此，我们在这里强调软计算的整体性与统一性，并非为了论证软计算的

① ZADEH L A, 1993. Fuzzy logic, neural networks, and soft computing[J]. Microprocessing & Microprogramming, 38(1-5): 77-84.

② MUKHERJE A, 2015. Generalized rough sets: hybrid structure and applications[M]. New Delhi: Springer: 132.

具体方法之间具有天然的可融合性与可渗透性,而是为了说明软计算方法的提出、改进、完善与创新的背后潜藏着的哲学方法论的整体目标趋向。

二、软计算的"层次性"与"结构性"

软计算方法力图把握非线性系统、复杂系统之中的内在结构性与逻辑层次性。由系统论的思想可知,在对事物进行研究的过程中,我们可以从系统论的观点出发对于事物的构成要素、内在结构及组合特性进行分析,并且进而考察事物作为一个系统存在的动力来源与目标定位。从本体论的层面上来看,源于世界事物之间的普遍联系及作为事物存在特性的层级构成性决定了系统论思想具有坚实的科学实在论的立场支撑;从方法论的层面上来看,我们可以立足于系统论的思维去把握具有复杂性特征的事物关系。例如,在关于事物概念的形成过程中,人们系统地把握不同事物、对象之间的类似特征,并且对于这些特征进行分类比较、研究,在此基础上才能形成抽象的概念,"应用性系统理论的概念涵盖了所有相互关联的系统层级"①。同时,每一个抽象概念都既有其内涵,又有其外延,在概念之下又可以区分出从高阶到低阶不同层次的概念,正是在这些概念之间相互关联与相互作用的基础上,我们才形成了人类作为整体的认识体系。

我们以软计算方法中的粗糙集为例,它采用近似定义对于某些难以分类的属性进行划分,进而按照相应归类的内容与其归属概念进行对比分析,以确定相应归类内容与概念之间的关联紧密度。在此过程中,粗糙集采用上近似集与下近似集分类的原则以判断集合的正负关联度,这种区分立足于所搜集到的既定数据集合,因而它能够对于问题的不确定性方面进行相对客观的处理和分析。由此可以看出,粗糙集对于信息和数据的抽取规则是符合系统论思想的基本要求的,它借助于属性约简规则能够有效地对于剩余属性进行有效整合,从而实现了对于模糊和复杂的非系统现象进行系统分析的最终目标,这是系统论思想理性原则的进一步升华,"粗糙集理论之中的层级分析可以被容纳于与之接近的系统理论中"②。相对于粗糙集而言,神经网络方法的内在结构性与层次性特征更加明显,它包括输入层、隐藏层和输出层等几个不同的层次结构,在每个层级结构中又具有各自复杂的运行状态,这种通过简单元并行分布而形成的处理系统能够具有更高的智能水平,并且使得生物神经元的近似拟合功能为完善智能系统的自组织特性奠定了基础。

值得讨论的是,软计算方法在其研究过程中所强调的系统"层次性"和"结

---

① DEKKER R, 2015. Applied systems theory[M]. Switzerland: Springer International Publishing: 8.

② YANG X B, YANG J Y, 2012. Incomplete information system and rough set theory[M]. Beijing&Berlin: Science Press: 102.

构性"特征本身具有多方面的内涵，主要包括以下几个方面。①当代包括人工智能在内的复杂科学难题实际上是一种大数据、大信息状态下的人类主体认知过程，这一认知过程超越了以往人类在局域信息与数据状态下的封闭静态分析技术，并且体现出了前所未有的认知开放性、探索性和未知性特征。这就意味着，软计算研究所隐含的系统层次性与结构性思维更多的是在一种方法论工具的意义上体现出其价值和作用的，这种"层次性"和"结构性"既有人类思维在认知对象的过程中实现主动建构世界的意蕴，同时也有依据这种客观假设的"层次"与"结构"进而达到研究对象本质的现实功效。②软计算方法所采用的上近似、下近似集合的系统层次性原则，并非绝对的，而是相对的，这种相对性特征依托于主观与客观相结合的认识论基础。相对于具有无限性特征的客观世界而言，人类在个体层面上的认识总是有限的、难以面面俱到的，并且基于不同的语境指向目标形成各具差异与侧重的认识论路径，而软计算的上近似、下近似集合方法则是实现这一目标的重要工具。③从根本上来说，软计算方法对于系统结构性功能的重视源于对事物结构性特征的参照和模拟。这种"结构性"就意味着，作为研究对象的事物不是僵化的、作为原子事实而存在的，而是在其内部同样发生着不断组织化、机制化的运作过程。在此运作过程中，各个部分、要素既会独立行使功能、发挥作用，同时在系统的边界导向与约束下又会自然地进行合作、关联及其整合。

三、软计算的"目标性"与"趋向性"

软计算方法着眼于求解复杂问题的系统"目标性"与"趋向性"。事物存在的目标性或者目的性作为一种研究事物的古老方法早已有之，如在亚里士多德时期就有关于解释自然现象变迁规律的目的因一说。在现代系统论的思想看来，系统内部的诸要素和成分（或者各个子系统）之间的关联与作用都是受到一定的调节和限制的，这决定了系统能够稳定地趋向于某种状态，"部分之间的相互关联界定了一个系统中成员之间的关联活动，这与一个系统所具有的目标是相符合的"①。显然，现代系统论思想所坚持的这种系统目标趋向性受到了自然科学特别是物理学新发现的支撑，如费马定理就认为，光线在两个确定点之间的运动轨迹总是会显现为某一个极值，从而显示出令人不可思议的物理目标导向性。事实上，系统存在的目标性也可以在某种程度上被看成是一种系统的功能性，这意味着系统需要在某个特定的时期保持一定程度的平衡性与稳定性，从而使其能够持续地发挥作用。

对于软计算方法而言，其概念提出的最初目标就是人们希望能够在各种复杂的、不确定的环境要素作用下能够高效地、低代价地围绕具体的现实问题进行决

① BECVAR D S, BECVA R J, 1999. Systems theory and family therapy: a primer[M]. London: University Press of America.

策与控制。在此过程中，这种问题导向式的思维必然会兼顾定性与定量相结合的分析路径，进而将非精确的模糊变量引入严格的数学逻辑分析，从而形成一种崭新的、重构相关要素时空结构的动态系统。特别是，以构建模拟人脑结构功能的智能系统为目标的软计算方法与传统的微积分模型分析方法已经形成了鲜明的对照。其原因在于，以微积分为基础的逻辑分析无法满足全局最优和决策实效的多重目标。由此可见，对于一个结构性的系统而言，其目标指向并非总是单一的、局限的，特别是对于大数据和大系统而言，其目标指向更是具有多元性和并发性特征。这样，各种不同的软计算方法之间尽管具有鲜明的差异性特征，然而它们在目标实现层面上又具有高度的一致性。例如，模糊逻辑能够对于不精确性问题进行很好的把握，神经网络方法能够对于智能系统的自主信息处理和协调提供支持，而遗传算法能够对于数据挖掘、检索及其压缩优化问题起到辅助作用。无论如何，软计算方法的提出已经极大地挑战了传统的系统单一线性目标的导向模式，从而构建了一张于混乱和无序之中去近似地趋向多维目标的网络体系，这为系统论思想在复杂世界体系之中的立场辩护提供了良好的注脚。

如上所述，软计算方法的"目标性"与"趋向性"特征的展现是与其"不确定性计算"的核心思维紧密关联的。或者说，正是软计算中"确定性的丧失"才使得软计算的"目标性"特征格外突显。以数学计算中的随机性、模糊性、粗糙性为例，软计算方法力图在这些具有不确定性特征的数据、信息背后去展开近似推理，以达成人们实践应用的目标，"诸多软计算应用的发展都要求在目标导向的数据模型中允许模糊性的表征和操作"①。因此，无论是早期的模糊集、粗糙集理论，还是后来的遗传算法、神经网络算法，乃至于最新的软计算方法创新，它们都有着明确的目标导向性，而这种目标导向性恰恰就是为了把握不确定性数据的具体语境约束性、确定性。从哲学的层面上来看，世界本身就是确定性与不确定性并存的矛盾存在，确定性意味着事物在一定时空界限范围内的稳固性与不变性，而不确定性意味着事物会随着时空的迁移而发生相应的变化，因此世界、事物的确定性总是相对的、暂时的、有限的，而世界、事物的不确定性却是绝对的、永恒的、无限的。由此可知，软计算方法的本意就在于为不确定性的世界图景赋予一种相对确定的目标指向，从而锚定"确定性"的疆域。当然，软计算方法的这种目标"确定性"仍然是以语用的"趋向性"为根本依据的。

更进一步，如果我们把软计算方法的研究置于 20 世纪后期科学哲学的更大范畴之中进行考察的话，就会发现：软计算各种具体方法之间不断论辩与竞争的态势恰恰是与当代各种科学哲学的范式涌现与纷争的局面具有类似性和一致性的。这种情况的出现，一方面是由于传统宏大叙事的哲学话语体系出现了崩溃，为此

---

① REUSC B, 2005. Computational intelligence, theory and applications[M]. Netherlands: Springer-Verlag: 253.

人们不再执著于以一种上帝之眼去洞悉一切自然的秘密，而是切实地立足于当下，立足于论域的事实而展开讨论；另一方面是科学日新月异的发展将许多人们前所未见的自然现象的本质揭示出来，尽管人们利用精密的科学仪器解决了诸多传统意义上的科学难题，但是新的科学问题却更加复杂和深奥。上述两点原因，在一个有意义的科学哲学对话平台没有建立起来之前，不同的科学哲学问题之间广泛地发生着纠缠、交织与混乱。正是从这个意义上来说，进一步打破科学与哲学的壁垒，并且厘清科学与哲学各自的核心任务便成为科学哲学——包括从事软计算方法论研究的理论学者在追求统一的科学哲学对话平台过程中的目标所在。

四、软计算的"动态性"与"开放性"

软计算方法强调对于研究对象进行模型构造的系统"开放性"与"动态性"，它能够"被应用于非线性动态系统的控制"[①]。我们知道，系统论思想一个很重要的特征就在于，它坚持以一种动态发展的眼光去看待系统的存在，认为任何事物作为一个系统而言都不是永恒不变的，而是会随着与系统相关联的环境的变化改变自己的表现形态与内在机理，从而使得系统的存在过渡到一个新的阶段，"模糊系统的动态性就表现在系统不同层面之间的冲突运动"[②]。与此同时，系统也具有开放性，这种开放性意味着，系统并非完全独立自存的——系统的边界不是封闭的、僵化的，而是始终保持着与系统之外物质、信息的交流与互动，这使得系统在时空维度上能够被融入更加宽广、更加复杂的高阶系统之中。

从根源上来看，第三次数学危机的产生与爆发，深刻地反映出以逻辑和数论为基础的硬计算本身在一个封闭的形式系统之中是不可能真正具有完全性、无矛盾性的，这也意味着逻辑协调性必然具有自己特定的范围和界域——在一定范围和界域之中的形式系统完整性总是相对的、有限的、具有局域性的，形式主义的这种数学分析思维本身就具有绝对主义、客观主义的先天狭隘性。为此，单就作为数学基础的逻辑学在 20 世纪本身的发展而言，逻辑学家就已经提出了超越传统逻辑的多值逻辑、模态逻辑、道义逻辑、时态逻辑与模糊逻辑等多种非经典的逻辑类型。由此可以看出，从数学计算分析的角度来说，软计算基于模糊逻辑思维而在计算推理的过程中引入不确定性变量的理论尝试不仅是一种数学学科外部压力驱动的结果，而且更是一种数学学科理论内部演进到一定阶段所产生的自然而然的理论选择，这种选择策略的本质就是在绝对封闭的逻辑系统边界注入"流动性"，加强理论逻辑结构与其语用实践之间的动态关联程度，进而实现由硬计算向软计算的系统功能转换。

---

① MITKOWSK W, 2009. Modelling dynamics in processes and systems[M]. Berlin: Springer-Verlag: 41.

② NEGOIŢĂ C V, 1981. Fuzzy systems[M]. Kent: Abacus Press.

我们从软计算方法的本体论基础考察可以看出，软计算方法的几种主要成员如模糊逻辑、粗糙集及概率推理等方法无一不是建立在对于我们特定知识范围的边界模糊性与不精确性进行判断的基础上的。就人类的认知过程而言，无论是我们的自然语言运作机制，还是头脑当中的联想记忆能力，乃至于形象思维与直观思维，它们都具有以非线性和非逻辑化的策略去处理海量信息的能力，因此借鉴人脑思维能力的软计算方法，并无意于去走传统符号主义进行单纯符号演算的老路，而是通过引入非完全真值的容错率来获得问题求解的鲁棒性。它强调系统结构或者规则的大概率整合性，并且赋予系统内部构成要素、单元之间的多重因果关联度。以扎德的模糊集合论为例，它在逻辑系统构造的过程中引入了非符号的语词变量单元，并且用 If-THEN 规则代替了经典逻辑的公理法则，从而实现了基于实际交流语境的近似推理。在其中，作为模糊集合构造的基础，隶属函数存在着定义的主观性、开放性可能，而这种主观性、开放性恰恰是来自主体认知与分析的差异性。在模糊集方法中，人们所重点关注的问题是独立元素相对于集合而言的隶属性特征。实际上，单个的元素往往不仅与其所属集合之间呈现出一种非严格对应的关系，而且在某种情况下还存在着隶属度的问题，这种隶属度的概念反映了客观事物在进入人的思维并加以概念化、范畴化的过程中所呈现出来的非严格性特征。对于事物的模糊性而言，其根源在于事物之间的普遍联系——事物之间多种样式与形态的复杂联系使得事物呈现出一种难以精确判断的模糊性来。因此，人在头脑当中关于实在事物所形成的概念也具有一定的模糊性，这种概念的模糊性源于概念定义的开放性。也就是说，任何概念在外延上都在一定程度上具有相对的开放性与不确定性，而这一点恰恰是随着时空条件和语境变化造成概念内涵迁移的实在论动因。

由此可知，软计算在哲学方法论的构造层面上所坚持的"开放性"与"动态性"是有着迫切的理论诉求的。从目前软计算研究的动态情况来看，人们由粗糙集方法衍生出了变精度粗糙集和邻域粗糙集等，从神经网络算法出发发展出了细胞神经网络算法和混沌神经网络算法等，而由遗传算法则发展出了量子遗传算法和人工鱼群算法等——这种软计算方法蓬勃发展的局面恰恰印证了软计算思维在认识论意义上的动态性趋向特征。

五、软计算的"突变性"与"稳定性"

对于计算分析过程之中的系统"突变性"与"稳定性"的关注，是软计算方法论策略的重要特征之一。对于任何一个存在的系统而言，稳定性是其自组织和自运行的首要特征，也是我们的认识得以展开的必备条件。换而言之，系统自身必须能够在一定的时空范围内保持其结构及其内部要素关联的稳定性，否则我们对于一个系统的观察和判断就会失去基准，而所谓的系统概念本身也就失去了存在的意义。然而，系统存在的这种稳定性只是暂时的，随着系统内外成分、要素的不断流动、转化，系统在特定的时间点上又会发生一定的"突变"，进而完成系统状态、性质的更迭。

对于与软计算相对的硬计算而言，它更多地适用于系统在稳定状态下的常态化分析与研究，在这方面硬计算可以从容地以相对完备的逻辑分析手段对于系统的组织结构及其内在因果关联展开考察。然而，硬计算却很难对系统"突变"的模糊阶段、过渡状态及其特征做出判断和把握。在此，软计算方法希望表明，在系统的线性、逻辑性与非系统的无序性、混乱性之外，还存在着第三种状态，即无序当中的有序及有序当中的无序，或者说逻辑性当中的非逻辑性及非逻辑性当中的逻辑性——这种思想恰恰是系统论关于事物作为一个系统所表现出来的稳定性与突变性的深刻反映。正是出于此方面的考虑，软计算方法一方面并不排斥严格规范的数学形式体系构造，并且同样以公理法则来保证算法的精确性，另一方面又引入了带有明显主观性色彩的值或变量，从而使得这种"软化"的计算推理能够服从于特定的系统目标。例如，在模糊集当中，隶属函数所依赖的就是专家经验，而这种经验的统计概率是具有非逻辑完备性的；对于粗糙集而言，它所采用的重要度函数固然能够借助于属性约简而实现对于事物主要特性的管控，然而对于作为系统的事物的其他方面特性，它却不能对其施加很好的介入能力；此外，遗传算法通过个体编码、选择概率和适应函数的引入，以一种进化重组的方式力求获取计算目标的优化解，这种优化解通常在经典逻辑之中是无法想象的。尽管以上的介绍并不全面，但是这足以说明，软计算方法的应用很好地解决了系统的稳定性与突变性之间的矛盾，从而使得系统论的思想作为一种方法在认识的"黑箱"界域之中得到了更进一步的拓展。

对于在软计算方法中较为简单的数学近似推理（随机性模型）而言，它能够对于自然科学的偶然性随机现象从整体上做出一种统计规律的刻画，进而使得我们能够把握事物、现象的相对稳定的本质规律性特征。例如，在远离平衡的混沌力学系统中，由系统的耗散结构所产生的奇怪吸引子在某些时候会呈现出不稳定性特征，这种不稳定状态具有很大程度上的随机性。在这方面，普利高津的叉式分岔理论认为在非平衡的耗散结构中分岔会导致对称性的破缺，体系的态平均值与瞬时态值之间的偏差所形成的数值涨落导致系统处于一种决定性与非决定性两者分别轮回往替的过程之中。在这里，作为混沌系统内部的随机性并没有否定混沌区存在空间的确定性，而统计规律也显示出了混沌运动具有可控性与约束性，因此在一定的可能性概率与可统计的情况下现象内部则是确定的、稳定的。我们再以遗传算法为例，其基本概念诸如变异、显性、复制等源于模仿生物遗传特征而来的遗传算子，其显然具有数理逻辑层面上非稳定性特征，然而遗传算法更多地依赖于对决策变量进行数值编码并展开运算，这种编码方式有效地克服了模糊数值对象难以量化的问题，从而能够实现更加优化的鲁棒性搜索，这体现出遗传算法将对象层面的"稳定性"与"突变性"相结合的方法论趋向。同时，遗传算法紧密围绕适应度函数值的应用，并且以此方式为局域搜索指明路径，这使得目标函数的导数值引入失去了意义，而立足于群体式的并行搜索过程也使得传统的点对点的狭隘搜索方式显得异常被动。因此，通过变异选择的遗传算法在概率上实现了迭代选优，这使其能够在整体上保持一种"优解挖掘"与空间探索之间的平衡，"系统之中的突变性算子发挥了双重作用：一方面它维系了层级种群的多样性；另一方面它又作为一种探索性算子而发挥作用"①。

　　总体上来看，作为一种理性与非理性相结合的方法论原则，软计算不仅从系统论的视域出发去考察复杂对象和非线性事物之中所包含的内在结构及其特征，从而使得科学系统论的思想得到了充分的应用与验证，更为重要的是软计算将多种学科领域之中的科学研究方法引入进来并加以融合，从而形成了一种集聚的方法论优势，也为哲学层面上系统方法论的创新起到了重要的推动作用。

第二节　软计算的相对论

　　软计算方法虽然最初仅是作为一种智能系统构造的手段与方式而提出来的，但它本质上却是与 20 世纪后期以来人类思维的整体进步具有密切关系。在新的科技革命变革的时代背景下，以相对论等思想为代表的现代科学方法广泛地渗透传统哲学的研究领域之中，并且在科学与哲学之间建立起了相互贯通、有机融合的动态关联，这使得哲学层面上的相对论作为一种方法论得到了更进一步的提升与凝练。从这个意义上来说，软计算方法实现了从相对简单、狭隘的绝对论思维向更为科学、系统的相对论思维的转变，这使其能够更好地为人类解决自然科学与社会科学领域之中的复杂难题提供帮助。

一、模糊集算法的相对论思想特征

　　模糊集理论是由扎德所提出的一种对于模糊信息进行处理的重要方法，其研究的目标旨在对世界的模糊性特征展开量化的数学分析，这种研究思路打破了古典逻辑精确性要求的绝对论倾向，并且在相对论思想的指引下，将人的主观性立场、信息的模糊性判断进行了充分的结合，"模糊集假若不考虑相对性的话，它就

---

① RAIDL G, CAGNON S, 2003. Applications of evolutionary computing[M]. Berlin: Springer-Verlag: 395.

是僵化的"①。就哲学层面上的相对论思想而言，它比 20 世纪初物理学革命之中的相对论思想的产生时间更早，在理论形态上也更为丰富和完善。当然，哲学的相对论作为一种抽象的思维方法也在现代科学的相对论思想那里获得了补充、印证与发展。例如，爱因斯坦在理论物理学当中所提出的狭义相对论和广义相对论思想以其天才般的预见开启了一个新的物理学时代，从而使得相对论思想在科学的层面上得到了更进一步的深化，扩展了哲学层面上的相对论思想视域。那么，什么是相对论的本质呢？爱因斯坦认为，"相对性就是相对论的本质"②。对于模糊集方法而言，它不仅坚持了在理论假设层面上的相对性，而且遵循了在理论目标层面上的相对性，这使其不仅能刻画清晰量之间的关系，对于模糊量的变化关系及形象思维的本质也能够进行揭示——模糊集方法希望在确定性与不确定性、有限性与无限性、随机性与规律性、抽象性与具体性、复杂性与抽象性、理性与非理性、客观性与主观性、静态性与动态性之间保持一种相对的平衡关系，这表现在以下几个方面。

　　一方面，隶属函数的引入为模糊集作为软计算的重要成员赋予了科学的相对性内涵。所谓隶属函数关系的相对性特征表现在：集合中的元素只是在一定的界限和范围内隶属于特定的集合，这种隶属特征存在一定程度的差异，而这种差异是相对的，而非绝对的，它不仅会随着隶属集合的变化而变化，而且会随着条件的改变而发生程度上的变迁。显然，这种思想与作为现代性理论标志之一的结构主义的基本立场是存在差异的，结构主义强调事物内部要素构成关系的稳定性、封闭性、自足性和绝对性，排斥或者否定事物内部结构关系的变动性、相对性。因此，从哲学上来说，模糊集方法所强调的集合元素的隶属程度概念源于后结构主义对于结构僵化性特征本身的反感。从主体的认知过程来看，概念的内涵具有一定结构的支撑要素，而随着这些支撑要素本身在新的时空背景条件下会发生转换与调整，最终使得概念的内涵也会发生相应的变化。由此可以看出，模糊集方法从计算的角度出发敏锐地把握住了人的思维与世界之间关系的相对性本质，而隶属函数值的设定则是将这一认识论立场贯彻到计算科学领域之中的具体实践路径。

　　另一方面，隶属函数相对性特征的根源在于专家知识库的不确定性和非稳固性，因为这种经验的知识往往是从主观出发引申出来的，而这种主观性也为隶属函数赋予了一种典型的先验相对性的色彩，"作为一种方法论，模糊集理论将不精确性和主观性融合进入了模型构造和问题求解的过程中"③。例如，在数值界域 U 中，假设 N 为由 U 包含在内的模糊集，那么在 $Ux \in U$ 的条件下，就能将 x 看

---

① CAO B Y, WANG G J, CHEN S L, et al., 2010. Fuzzy information and engineering[M]. Berlin: Springer-Verlag: 109.

② MEINE F, 1949. The american people's encyclopedia[M]. Chicago: D. Van Nostrand Company: ⅹⅵ.

③ KAHRAMAN C, 2006. Fuzzy applications in industrial engineering[M]. Berlin: Springer-Verlag: 1.

作是公式 $\mu N(x) \in [0, 1]$ 之中的隶属程度，这种隶属程度的差异反映了事物在世界之中所具有的模糊性存在特征，即事物本身在其赖以维持质的稳定性的条件下相应发生转变的过程中一种变动不居的状态。当然，应当指出，专家知识的相对不确定性本身并非随意的、武断的，而是同样基于对事实的判断与认定，只是这种判断和认定依据不同的语境状态会被区分为差别化的类型。因而，在非线性的模糊计算推演过程中，表面不确定的隶属函数背后所隐藏的仍然是人们对于事物本质与规律的深层次追求。例如，在模糊集中，其内涵与外延处在一种相对的关系状态下，即模糊集的内涵是确定的、可把握的，但其外延却是难以确定的。因此，模糊集方法所展现出来的这种在内涵方面的相对性特征正体现了一种在相对与绝对之间的结构性平衡关系。

由此可以看出，与以模糊集方法为代表的软计算方法不同，硬计算方法从根本上来说是基于线性逻辑的，它在很大程度上排斥模糊性与精确性——"硬计算在上世纪五六十年代兴起的计算机科学领域之中得到了强化，一直到上世纪九十年代之前，这种局面并无大的变化"[①]。然而，在 20 世纪上半期的哲学历程中，对于纯粹逻辑主义的"软化"思考实际上早已存在，而今天的软计算研究，只不过是在一个科学发展的更高维度上对于这些思想的回复与继承。例如，在语言哲学当中，日常语言学派及后期的维特根斯坦哲学都认识到了基于经验的逻辑实证主义的狭隘性——严格数理逻辑刚性内涵的局限性，这使得逻辑实证主义难以应对来自历史、社会和人的心理层面要素的多重挑战，而这一点也正是逻辑实证主义的理论大厦最终倾倒的深层次根源。因此，尽管以模糊集算法为代表的软计算理论的出发点是数学计算科学，但其理论的着眼点却是具有综合性、交叉性学科色彩的人工智能研究领域，这从根本上体现并彰显了时代思维的剧烈转换与变革。

二、粗糙集算法的相对论思想内涵

粗糙集算法同样保持着一种在数学计算层面上的确定性与不确定性之间的相对性状态。在实际的世界事态中，个体的事物之间保持着各种各样的联结关系，这些关系既是事物得以存在并且被人类认知的前提条件，同时也是某些事物必然会表现为类型与类型、样式与样式之间的过渡、转化的中间状态。正是在这一点上，粗糙集方法通过在形式方面的论域划分展现出了对于事物的定性判断，使得哲学的相对论思想在其中得到了诸多方面的展现，具体来说主要体现在以下几个方面。

第一，粗糙集方法引入了上近似、下近似算子，而这种算子的引入完全是在人们所掌握的数据内部进行选择的，它并没有像模糊集那样需要引入和倚重系统

① SEISING R, SANZ V, 2012. Soft computing in humanities and social sciences[M]. Berlin: Springer-Verlag: 90.

之外的主观经验，因而它能够以一种相对客观的态度来实现对于数据的控制性操作、推理与演算。从哲学相对论的角度来看，主观性与客观性处在一种对立统一的矛盾关系当中，同时两者之间也存在着一种以主观的相对性去迫近、把握事物客观性、绝对性的关系。在此，事物存在的客观性是绝对的、具有第一性的，而对于事物的主观感受、印象及在此基础上所形成的事物观念则是具有相对性的、属于第二性的——事物的第一性与第二性之间所具有的相对与绝对的关系从深层次上反映了人与世界之间的统一关系。从这个角度来看，正是由于人们很难采用一个规范的公式来对于难以定义的集合进行刻画，因而才采用了公理化和构造化的方式来定义近似算子，这种对于集合论域的相对性把握大大增强了粗糙集方法在目标达成层面的客观性、实在性特征，"……在粗糙集数据处理的过程中，主观感知和客观的度量值之间的具有密切关联的"①。

第二，知识约简是一种人们基于工作效率的实际需要而采用的更为具体的粗糙集方法，它反映了人们正确地认识相对论的思想，并且科学地应用相对论思想的一种计算策略。对于系统目标的实现而言，系统内部有关对象的属性并非都是完全必要的，若能将这种非必要的属性合理地进行规避，那么我们就能够更好地提高系统运算的速度和效率。也就是说，我们对于系统内部的海量数据信息可以从重要程度上进行区分，某些信息对于系统分析目标的达成具有关键性的作用，而另外的一些数据信息则不具有此种关键性，因此我们需要从相对性的视角出发去提高计算过程的简洁性、易操作性和适应性。例如，在信息系统（U，A）中，A的属性能够对于U进行类型划分，而A的类型划分在很多时候会与其子集一致，这反映出A属性的多样性特征，其中某些冗余的属性会具有相对的次重要性特征；另外，在属性删减的过程中，"核"是一种不可动摇的存在，这种"核"具有绝对性，当然这种绝对性是相对于系统之中的属性而言的，超出了特定的系统范围，这种"核"的稳固性也就失去了效力，这是一种事物绝对性本质的反映，而多种类型与样式的属性则是一种相对性的存在。

第三，在知识表达的过程中，论域的划分即是一种具有相对论色彩的计算推理过程。在此过程中，信息借助于对象的属性值来加以表征，而约简就是一种极小属性集的计算过程。这一极小规则意味着，属性的减少会使得属性集规则与对应事例之间产生矛盾，而极大属性值中属性的增加则会导致属性集规则中相应的正例更少。由此可以看出，极大规则与极小规则在计算应用方面是相对的，极大规则适用于数据充沛的情形，而极小规则适用于数据有限的情形。同时，极大规则方法能够发掘出足够多的类特征，它所把握的特征集要更加丰富，而极小规则

---

① KEPLICZ B D, JANKOWSKI A, SZCZUKA M, 2005. Monitoring, security, and rescue techniques in multiagent systems[M]. Berlin: Springer-Verlag: 408.

容易忽略数据集合中关键信息特征之外的其他特征。因此，粗糙集中的极大规则与极小规则之间的关系是相对的而非绝对的，两者需要根据不同的信息集合特征进行理性的选择、协调与配合，这从根本上体现了事物所具有的相对性与绝对性特征之间的辩证关系。

需要指出的是，粗糙集方法在处理既定内部数据方面所具有的客观性优势仍然是相对的，而非绝对的，为了在更为广泛的机器学习和模式识别等科学领域中去扩展粗糙集理论的方法论优势，人们提出了粒计算、知识空间等理论来创新和改进粗糙集方法的框架与结构，这更进一步展现了粗糙集方法摒弃绝对主义而坚持科学相对论的立场与趋向。例如，人们提出了概率粗糙集和变精度粗糙集来应对知识库知识的随机不确定性现象，同时又提出了粗糙模糊集方法来应对知识库中被描述概念的模糊性现象，"在粗糙集积分中，只有定义了有限集的相对性特征，粗糙性的度量才能够被考虑在内"[①]。这些具有相对性色彩的理论创新使其能够更好地在人工智能的研究领域之中得到应用与实践。

三、人工神经网络算法的相对论思想旨趣

人工神经网络算法是一种对于生物神经网络功能的模拟，它所具有的整体结构性特征使得局部的功能缺失并不会影响总体系统功能的实现，因而具有相对性特征的人工神经网络算法的适应能力表现出了较强的语境依存性特征。也就是说，这种算法可以依照数据关联语境的条件变化而变化，从而实现自学习和自组织运作，这为在具有不确定性信息集合中多系统目标的实现奠定了基础。客观上来说，在对人工神经网络算法的研究不断推陈出新的过程中，这一方法本身所具有的多样性、自适应性和容错性的优势逐渐得到了人们越来越多的认可，而这些优势恰恰突显出了相对论思想的浓厚色彩，具体来说主要有以下几个方面。

第一，人工神经网络算法借助于相对有限的结构化神经计算单元而实现在一定程度上扩张化的系统功能，这从根本上反映了有限与无限、整体与部分之间的相对与绝对的辩证关系。在人工神经网络系统中，单个的处理单元都具有各自的存储空间，在这种局部的存储空间中不断发生着信息操作，无数个并行处理单元都会输出信号，这样就能够更加快速、有效率地处理局部值。从相对论的思想来看，特定系统操作目标的实现需要依赖于一定的条件和要素，而这些条件和要素在信息操作的特定时空条件下具有海量的无限性特征，然而若是基于一定的规则和路径遴选出与操作系统结构相对应的可选择信息，那么智能系统就能够更加便捷地达成计算操作的目标。这充分说明，主体认知、理解的有限性要想超越自身

并且通达世界实在的无限性，最终必须借助于认知、理解具体结构的内在优化与协调。另外，人工神经网络是一个整体性的系统，而其中的并行处理单元作为部分并非一种僵化的、消极的存在，而是会积极地、能动地作用于神经网络整体功能的实现，并且在彼此之间形成相互配合、密切关联的整体态势，这进一步显示了在哲学的层面上部分与整体之间复杂的相对性关系。

第二，人工神经网络算法所采用的非线性系统操作策略能够建立起超越传统逻辑体系的问题解决路径，这使得在人工智能系统的设计过程中人类右脑的非线性相对性特征能够与类似于人类左脑的线性绝对封闭性特征很好地结合在一起。事实上，人工神经网络本身就是一种对于生物神经系统的功能性模拟，而人脑在很大程度上具有信息处理的高效性特征。从计算的角度来看，线性的计算推演往往具有有限性、绝对性的特征，这种绝对性特征意味着硬计算是一种从有限的绝对性前提所推演出的有限性绝对结论，其结果具有单一性和精确性，然而它却很难满足系统的多靶向推演趋势，同时也难以容纳多系统复杂要素的纠缠和影响效应。因此，人工神经网络无疑是一种从相对论的视角出发将研究对象看做是一个开放的有机系统，它坚持了计算分析的相对性，但它却并不希望走向相对主义，它所希望的是在计算的绝对封闭性程序中始终保持一种相对与绝对之间的有机平衡策略。

第三，人工神经网络算法将相对论的视角引入了数据挖掘的技术操作过程中。从相对论的视角来看，单个的数据不是孤立存在的，这些数据总是处在一定的数据关系网络之中，这就要求我们对于单个数据的把握和认知必须从与其相关的数据关系网络之中去展开，否则就会陷入绝对论的窠臼之中不能自拔。毋庸置疑，人工神经网络算法在数据挖掘过程中存在着"黑箱问题"，这一"黑箱问题"是指，智能机器系统本身即是一种对于人脑神经网络结构与功能的模拟，然而人脑的具体运作机制尚未被科学家完全把握，在某一时间段内科学家对于人脑结构的了解程度总是相对的、有限的，这样便使得智能机器系统的设计同样面临着不可解决的困难和障碍。事实上，站在科学实在论的立场上，无论是在哲学层面的人类意向性问题的研究中，还是在更具有实证性质的认知科学研究过程中，关于人类思维本质及其特征的研究一直在发展、从未间断，且在此研究过程中每一阶段的认知成果都会在技术操作与技术实践的层面推动人工智能技术的发展与创新。就此而言，上述这种哲学、科学与技术紧密联系、系统发展的整体图景生动地反映了人类科学认知进程中相对与绝对之间的辩证关系。

第四，在人工神经网络算法中，以结构分析作为基础的规则抽取方法强调搜索计算的复杂性与网络输入量之间的相对关系——如果输入量过度膨胀，那么搜索的组合数量就会变得难以控制。也就是说，人工神经网络算法有其特定的计算适用范围，这一适用范围应当是相对的、局域的、受控制的——超出这一范围，人工神经网络算法的计算效能就会受到极大的影响，"神经网络模型……描绘了非稳定数据之中的局域稳定性"[1]。再者，以性能分析作为基础的规则抽取方法强调神经网络的整体性与规则所具有的重建网络功能之间的相对关系，这使得人们能够以一种更加明确、清晰的符号系统来建构起具有特定功能导向的人工神经网络系统结构。

总而言之，人工神经网络算法在软计算方法的诸多成员之中是一种最为直接的模拟人脑功能的计算分析路径，这一计算分析路径准确地把握到了人类大脑所具有的整合矛盾双方对立面，并且将矛盾对立面之间的相对性关系作为一种方法论策略应用到具有特定语用导向的问题求解过程之中的典型特征。因此，从计算分析的角度来看，人工神经网络算法并非要绝对地模拟人脑的生物运行机制与结构，而是希望从现有的脑神经科学知识中发掘并提炼出人类大脑对于事物相对性关系进行把握的一般性策略——"人工神经网络是对于大脑部分而非整体的计算模拟"[2]——正是这一策略超越了关于世界现象的相对性关系本体论立场的认定，并且使得相对论思想真正的在普遍方法论的层面上得到了升华与扩展。

四、遗传算法的相对论思想趋向

遗传算法是一种将生物进化论的思想引入到计算分析过程之中的全局优化算法，它在计算的迭代过程、计算的全局优化等方面自觉或者不自觉地应用了相对论的思想，从而使得自身的方法论优势得到了进一步的凸显。我们知道，在生物的进化过程中存在着变异、遗传和选择淘汰等自然现象和规律。这种基于环境条件和生存竞争而产生的生物进化尽管使得代与代之间的生物不可避免地会发生形态、构造方面的相对性差异，然而在生物染色体当中的遗传信息却会保持一定的稳定性、连续性和绝对性的特征。在生物的自然选择和基因遗传的过程中，变与不变、遗传与非遗传等生物表征现象都处在一种相对与绝对相互包含、相互渗透与转换的过程之中。

就遗传算法而言，它作为一种直接搜索的优化算法，其借鉴了群体基因、适应度、变异和选择等许多进化论与遗传学当中的概念称谓，并且将其加以改造，从而在新的学科背景下赋予了进化遗传学说以新的生命力。当然，应当指出，遗传算法作为一种计算科学的理论与生物学当中的进化遗传理论是存在本质差异的，这种学科之间的分野和差异性是绝对的、严格的，然而两者在方法论的层面却是存在相通性和类似性的，这种相通与类似的关系是相对的、可借鉴的。就这一点而言，上述两者之间的关系深刻地揭示出人类思维认知在总体层面上所具有

---

① MELIN P, 2007. Foundations of fuzzy logic and soft computing[M]. Berlin: Springer-Verlag: 326.

② CARTER R, 2002. Exploring consciousness[M]. California: University of California Press: 166.

的统一性、整体性和一致性，其表现在以下几个方面。

第一，遗传算法的理论目标在于为人工智能系统提供一种相对较优而非绝对必然的计算分析路径。早在 20 世纪 40 年代，就有部分学者和专家尝试将生物进化机制置于计算机程序当中加以研究，这种早期的研究保持了一种相对开放的方法论研究视域，它为后来将计算机科学与遗传进化机制进行广泛深入的结合奠定了早期的思想基础。在 20 世纪 60 年代，J. H. Holland 认识到了人工智能系统与生物系统的相似性，并且借助于模式定理揭示了群体较优样本的可拓展性生存空间，这些工作都为计算分析过程的高概率最优解奠定了基础。从本质上来看，计算机科学家之所以在传统的线性逻辑范畴之中引入遗传和进化等生物学的概念，其原因在于，传统的优化算法所依据的是决策变量的实际值，这种依托于决策变量实际值的算法过于封闭、僵化和绝对，而进化遗传机制则通过染色体和基因等概念的引入更好地解决了无数值概念等问题。显然，在这里，进化遗传算法所采用的遗传编码操作策略超越了传统的封闭性优化算法，为计算分析过程赋予了相对性、动态性和灵活性。

第二，遗传算法所采用的是概率性的检索分析路径，这种路径显然具有很大程度上的相对性和不确定性特征。我们知道，人工智能系统之所以在智能水平上和程度上长期以来一直陷入困境，其主要根源就在于，它不能突破传统线性逻辑的局限而具有类似于人类思维层面的自主性和联想性，这就极大地制约了人工智能的应用空间。相对而言，遗传算法摒弃了智能检索过程中的绝对确定性理论诉求，转而寻求在不断迭代的群体推演过程中塑造和选择最优的个体问题解，"进化是一种种群的演化过程，然而其中的变异或者自然选择的机制却是在个体层面上发生的"①。由此可以看出，进化遗传算法着眼于包容性相对更强的全局最优，而非传统线性指向的局域绝对最优，这是一种方法论层面的创新。当然，遗传算法所采用的遗传操作策略所展现出来的相对性和随机性特征并不意味着它准备滑向相对主义的泥淖。相反，遗传算法同样追求问题最优解的绝对性，然而这种绝对性却是一种具有相对性色彩的、有原则的绝对性。例如，在计算的迭代更替中，上一代的群体信息表征有助于我们寻求下一代的优化个体并进行选择，这样才能够使我们所求解的问题符合最初假定的优化目标。

第三，遗传算法的应用与设计评价的标准及问题求解的适应度范围是相对的而非绝对的，而这种相对性恰恰符合科学的相对论思想内涵。在遗传算法的展开过程中，求解质量和求解效率是计算机科学家所关注的问题之一，遗传算法要想获得相比较于其他启发式搜索方法的比较性优势，它就必须以更短的时间和更高

---

① FOGEL G, CORNE D, 2003. Evolutionary computation in bioinformatics[M]. San Francisco: Morgan Kaufmann Publishers: 22.

质量的问题求解效率去获得人们的认可。基于这种考虑，遗传算法特别关注于编码参数集与适应度函数的确定。对于编码方法而言，我们着重应该考虑的是其完备性（completeness）、健壮性（soundness）和非冗余性（non-redundancy）等方面的特征。为了满足这些编码要求，人们提出了控制符号数量和基因-参数对应等诸多的具体操作方法。当然，其中的每一种具体的编码方法都是针对特定的问题本身及评价标准而展开的，在这里并不存在某一种绝对的适用一切条件的评价标准。

从哲学相对论的观点来看，世界上的任何事物都是发展变化的、受到一定条件制约的，世界上的任何事物也都并不是绝对不变、永恒如一的，因此事物本身都是处在一种相对与绝对不断变化、转化与发展的过程之中的，事物的这种相对运动与变化具有绝对性和必然性的根本特征。由事物本身所具有的这种相对与绝对并存的二重性质可以看出，遗传算法从根本上贯彻了相对论的思想，并且将相对论的思想应用在了具体算法设计的整个过程之中，无论是遗传算法的自然选择策略，还是遗传操作的具体过程，它都强调在动态的思维推演、分析过程中实现计算目标的鲁棒性和相对优化性。

总体而言，软计算方法的本质在于强调事物运行规律的绝对性，这种绝对性恰恰能够保证客观物质世界的统一性和稳定性。当然，世界在本原层面的统一性并不能否定世界存在样式的多样性和复杂性。因此，在软计算方法的展开过程中，事物存在于时空之中的绝对性被打破，而真理的绝对性也成为历史，这使得真理本身显示出了相对多元的诠释路径，事物的第一性质便成为一种关于参考系的相对特征，而关系则决定了方法的选择和计算的具体路径。从这一点上来说，软计算方法内部的不同算法在目标选择、路径展开及评价体系等方面都具有典型的相对论思想特征，而这种特征恰恰深刻地反映了人们在承认宇宙和世界总体绝对性的前提下，着眼于求解具体问题的相对性认知模式，使得相对论的思想能够在本体论、认识论和方法论等各个思维层面上都得到渗透、整合与完善。

第三节　软计算的决定论

自 20 世纪 90 年代初扎德教授提出软计算的数学思维模型以来，以处理不确定性和不精确性问题为目标的各种计算分析路径开始不断地涌现。除模糊集、粗糙集、神经网络及遗传算法等算法外，模拟退火、置信网络及混沌理论等新兴的算法也相继出现。为此，基于对这种非传统的计算方法的哲学审视，人们开始思考软计算的决定论思想的基础问题，而对于这一问题的回答，将能够为软计算的持续创新起到重要的推动和引导作用。

一、决定与非决定：软计算的基础之辩

软计算所采用的模糊性概念及其在计算过程中所展现出来的不完全性与非严格性特征使人们在实践当中对其产生了很多的误解：有人认为，软计算在认识论方面所持有的是一种非决定论的思维，即它并没有遵循或者符合因果律的基本法则，这导致软计算的认识论基础从根源来说就是不稳固的；也有人则认为，软计算在方法论的层面上包容了随机性、概率性，由此而得出的结果必然具有不确定性，这样就使得软计算容易滑向非决定论的阵营；更有人认为，软计算在本体论的意义上预设了一种无规律的、混乱的、缺乏秩序的世界图景，这与我们通常所持有的唯物论的世界观是相违背的，因而软计算最终与本体论立场上的非决定论是一脉相承的。

值得注意的是，上述这些关于软计算的误解有着深层次的思想根源。在很长一段时间里，软计算是被局限在数学、逻辑学及计算机科学等各种具体学科领域当中来进行讨论的，而立足于抽象的哲学层面上对于软计算的研究还比较少见。这产生了一种现象，即是在各种应用学科、工程技术领域之中对于软计算的探讨层出不穷，并且已经形成了相当可观的规模，然而哲学家却多半认为这种"变形的"计算只是一种关于数学方法的尚存争议的工具，因而武断地、简单地从哲学的层面上将其定性；另外，软计算的提出者往往是出于实际工作的需要更多地执著于具体计算细节的斟酌与改进，如"对于图灵机而言，非决定论具有计算能力方面的实际意义"[①]，他们缺乏哲学层面的训练与热情，因而很难对哲学家的批驳做出有效的反击。最为关键的是，在很多时候，我们对于软计算的决定论与非决定论之定性的认识，往往是与决定论或者与非决定论乃至于反决定论这几种概念之间长期以来的哲学论争密切相关，这使得我们有必要从语义分析的角度去辨析决定论概念之本质，进而再去考察决定论之所以作为软计算的一种显著特征的缘由及其表现形态。

事实上，决定论思想是软计算在认识论而非本体论层面上所采用的一种求解问题的有效工具与手段，"认识论的决定论是与规律性的假设相对应的"[②]。换而言之，决定论思想在本体论的层面涉及我们是否承认世界具有因果规律性及世界是否具有普遍联系性的问题，而在认识论的层面，则涉及我们是否依从于这种规律和法则去展开认识、构造理论。也就是说，本体论意义上的决定论主要是作为一种哲学世界观的信仰而存在的，而认识论意义上的决定论主要是作为一种求解

---

① RUAN D, DHONDT P, KERRE E E, 1996. Intelligent systems and soft computing for nuclear science and industry[C]. Singapore: World Scientific Publishing: 106.

② ALLEN P M, MALCHOW H, KRIZ J, 2001. Integrative systems approaches to natural and social dynamics[C]. Berlin: Springer-Verlag: 32.

具体问题的思维工具而发挥作用的（认识论意义上的决定论思维内涵是相对宽泛的、非严格的）。对于作为软计算问题求解目标的复杂性系统和混沌系统而言，系统的复杂性使得我们确定计算推演的初始条件变得异常困难，而系统的演进轨迹在算法上也具有极大的不确定性与指数爆炸性，这使得传统的硬计算方法在面对随机性和复杂性等问题的时候处处碰壁。

与硬计算方法所内聚的认识论思维相类似（硬计算采用微积分与函数关系等数学语言为事物现象的存在赋予确定性），软计算同样追寻对于事物、现象研究的确定性，但是这种对于确定性的追寻却是以一种曲折的认识论路径表现出来的。在此，决定论思想作为一种方法论原则，有助于我们从无规律的混沌系统当中去挖掘世界、事物存在的规律特性，由此而构成人类主体的认识基础，"认识论的决定论依赖于认识论意义上的可期待性，而与认识论的可能性无关"①。例如，在扎德的模糊集理论看来，"模糊性"非但不是一种事物存在的偶然特性，而恰恰是事物存在深层规律的客观映照。因此，扎德以定量化的方法去研究复杂事物现象的这种模糊特性，并且采用隶属函数来表达某些元素、成分对于集合的隶属关系。其中，作为模糊集合构造的基础，隶属函数存在着定义的主观性可能，而这种主观性恰恰是来自主体认知与分析的差异性。同时，在模糊逻辑当中，随机性是指一种外在的不确定性，它表现在有关事物量的方面的不确定性上，这种不确定性源于事物发展过程中因果律原则的失效，而实践的发生则具有一定的可能性概率。然而，这种随机性并没有否定事物本身存在性质的确定性与稳定性。例如，某一事件的发生，在相关影响因子、变量未确定的情况下，它是随机的；而如果这些变量是确定的，它就不是随机的。又如，在概率论当中，事件的出现总是具有一定的量。因此，模糊性是一种内在的不确定性，其根源在于研究对象定义的不精确性，这是一种关于事物性质方面的不确定性——在事物的模糊性与思维领域当中概念的模糊性之间存在着矛盾关系，两者既对立、又统一。再以粗糙集方法为例，其基于论域层次上的等价性进行了相应的类型划分，以便于模拟人类知识与世界事态之间的一一映射关系，这种区分立足于所搜集到的既定数据集合，因此它能够对于问题的不确定性方面进行相对客观的处理和分析。由此可以看出，软计算在模糊的、随机的世界图景中具有清晰的逻辑目标引导性和决定论特征，而其推演过程也是严格遵循因果性和规律性的公理法则，这恰恰体现了决定论思想在软计算求解复杂问题过程中的基础性作用。

二、软计算的科学决定论视域

软计算反对一切形式的严格决定论、非决定论与反决定论，它所坚持的是一

---

① GEORGIOU I, 2007. Thinking through systems thinking[M]. Oxford: Routledge: 198.

种科学的、有原则的决定论。应当指出，对于软计算而言，其坚持在认识论-方法论层面的决定论思维本身面临着很多的挑战——除反决定论定然会对其发起攻击外，严格决定论和非决定论也为软计算的方法论路径辩护带来了困扰。我们认为，非决定论与决定论并不以因果律法则作为区分彼此的根本性依据，而非决定论通常反对的则是严格决定论或者机械决定论。此外，因果律法则是决定论思想的必要条件，而反决定论则否定因果必然性，"决定论的合理性就在于我们能够确信世界事实之间的因果关联"[①]。决定论希望回击反决定论和非决定论的地方在于它同样承认世界的随机性与偶然性，认为这同样属于世界存在的一种本质特征，即世界本身并非预定的，在世界的发展过程中存在作为偶然性与随机性的影响因素。事实上，决定论与非决定论只是我们认识领域思维轴线的其中一端，在世界事物的决定性之中去把握非决定性，在世界、事物的非决定性之中去把握决定性，这才是科学的、理性的决定论。

从本质上来说，在软计算理论背后所隐含的决定论与非决定论之争深刻地反映了 20 世纪数学革命在人们思维领域之中所产生的冲击、挑战与影响。我们知道，传统数学所依赖的是亚里士多德的经典逻辑——计算函数可以被归结为递归函数，其运算推演的基础是公理化的符号规则。显然，这种经典计算思维在认识论的层面上具有鲜明的决定论意蕴。然而，非欧几何的创立却使人们意识到，数学其实是一种人为构造的产物，它本身只是一种对于现实世界的近似描述。特别是，20 世纪初罗素悖论的提出使得数学内部的悖论和矛盾开始突显出来。为此，单就作为数学基础的逻辑学在 20 世纪本身的发展而言，逻辑学家就已经提出了超越传统逻辑的多值逻辑、模态逻辑、道义逻辑、时态逻辑与模糊逻辑等多种非经典的逻辑类型。我们由此可以看出，从数学计算分析的角度来说，软计算基于模糊逻辑思维而在计算推理的过程中引入不确定性变量的理论尝试不仅是一种数学学科外部压力驱动的结果，而且更是一种数学学科理论内部演进到一定阶段所产生的自然而然的理论选择。在这里，软计算并非要放弃认识论意义上的决定论原则，而是希望在扩展的计算语境中尝试性地引入非传统的分析变量，以便于更加全面地把握各种非逻辑的自然语言背后所隐含的规律性特征，而这种规律性特征恰恰是在非线性的、具有复杂性的要素和条件整体作用过程中展现出来的，这是一种以非决定论为表象的决定论思维趋向，"如果没有决定论的话，我们关于世界理性认识的根基就会丧失"[②]。

如前所述，软计算所坚持的决定论原则是灵活的、非机械论的，这种灵活性

---

① CONEE E B, SIDER T, 2007. Riddles of existence: a guided tour of metaphysics[M]. Oxford: Oxford University Press: 114.

② KING D B, WOODY W D, VINEY W, 2016. History of psychology: ideas and context[C]. Oxford: Routledge: 28.

表现在：一方面，软计算并不认同严格决定论与反决定论的倾向，它认为这两种思维在认识论的层面过于极端了，从这两种思维展开的推演过程要么不适用于求解复杂问题，要么所得出的求解结论没有任何参考价值；另一方面，软计算认为非决定论原则虽然并非与决定论原则处在一种逻辑的矛盾关系之中，然而如果在认识论上转而将其巩固为主导地位的话，这容易造成思维方面的混乱。事实上，软计算所要坚持的决定论原则恰恰容纳并吸取了关于人类认识过程中非决定性特征的一面，"在当代以问题求解为目标的计算程序中，控制法则虽然并非遵循严格的决定论，但是在芯片级层面的逻辑门算子仍然是具有决定性的"①。因而，非决定论原则以一种弱化的形式被统一于软计算的科学决定论原则之中，这是一种理论的升华与深化。

以软计算理论中构造较为简单的数学近似推理（随机性模型）为例，它通常能够对于自然科学的偶然性随机现象从整体上做出一种统计规律的刻画，进而使我们能够把握事物、现象的本质规律性特征。例如，在远离平衡的混沌力学系统中，由系统的耗散结构所产生的奇怪吸引子在某些时候会呈现出不稳定性特征，这种不稳定状态具有很大程度上的随机性。在这方面，普利高津的"叉式分岔"认为，在非平衡的耗散结构中分岔会导致对称性的破缺，体系的态平均值与瞬时态值之间的偏差所形成的数值涨落导致系统处于一种决定性与非决定性两者分别轮回往替的过程之中。其中，作为混沌系统内部的随机性并没有否定混沌区存在空间的确定性，而统计规律也显示出了混沌运动具有可控性与约束性，因此在一定的可能性概率与可统计的情况下现象内部则是确定的、稳定的。可见，决定论思维作为认识论领域当中的一种有效工具，能够在揭示客观物理世界的规律性方面发挥重要的作用。

再以遗传算法为例，其基本概念诸如变异、显性、复制等源于模仿生物遗传特征而来的遗传算子，其显然具有数理逻辑层面上非决定性特征，然而遗传算法更多地依赖于对决策变量进行数值编码并展开运算，这种编码方式有效地克服了模糊数值对象的难以量化问题，从而能够实现更加优化的鲁棒性搜索，这显示出遗传算法将对象层面的非决定性与演算的理性决定论相结合的方法论趋向。同时，遗传算法紧密围绕适应度函数值的应用，并且以此方式为局域搜索指明路径，这使得目标函数的导数值引入失去了意义，而立足于群体式的并行搜索过程，也使得传统的点对点的狭隘决定论搜索方式显得异常被动。因此，通过变异选择的遗传算法在概率上实现了迭代选优，这使其能够在整体上保持一种"优解挖掘"与空间探索之间的平衡。可见，通过借鉴遗传基因代际优选的遗传算法从理论上来

① SIMEONOV P L, SMITH L S, EHRESMAN A C , 2012. Integral biomathics: tracing the road to reality[C]. Berlin: Springer-Verlag: 231.

说隐含着一种决定论原则的典型思维，而这种决定论原则恰恰是以一种曲折的、容纳非决定性特征的面貌呈现出来的，这也是软计算的魅力所在。

三、决定论：软计算的实在论立场辩护

在计算实践的不断发展和演变过程中,决定论思想成为软计算在处理模糊性、随机性与粗糙性等不确定性问题时坚持科学实在论立场的可靠支撑。从方法论的层面来讲，软计算理论沿着一个假设的、确定的初始条件出发，遵循一定的逻辑因果律法则，在理性当中代入非理性的变量，由此得出特定条件约束下的优化结果，这体现了软计算将决定论思维与实在论立场相结合的双重意图：一方面，软计算基于实在论的立场承认模糊性和粗糙性等在事物、现象之中的真实性、客观性，以及不以人的意志为转移的实在性；另一方面，软计算认为只要我们严格贯彻决定论的法则、规律，就能够保证最终所获得的结果具有价值方面的实在性。由此可以看出，对于软计算而言，决定论思想是软计算过程展开的有效保障，而实在论立场则是软计算问题提出与结果确认的重要依据。

20 世纪以来，特别是 20 世纪中后期以来，科学研究的对象、手段、界域乃至于整体面貌都发生了巨大的变化。以物理学研究为例，随着量子力学的兴起和发展，人们逐渐发现科学观察与实验操作并非一种与人无关的、纯粹客观的、仅仅基于计算分析和推理的科学考察过程，实际上，它们更多的是一种有主体参与的科学实践活动，其中科学家的思想背景、操作工具及实验环境等因素都会对科学结果的解释和说明产生影响，并且进而关系科学理论的最终构造。这意味着，科学在人类理性之中作为"客观中立"的角色定位发生了动摇，人们开始有意识地去思考科学与人文、理性与非理性之间的复杂关系问题。特别是，随着当代各种交叉学科与综合学科的大规模兴起，传统的线性计算推理思维在一些日益复杂的科学问题面前显得力不从心，这使得人们在很大程度上对于计算分析在科学领域之中角色、作用的实在性产生了质疑。

然而，我们应当认识到，当代科学发展的复杂性、模糊性及不可观察性等问题，并非说明包括数学规律、法则在内的传统科学思维在实在论立场上的失效。这只是意味着，人类所面对的是一种整体的、不可分割的、具有实在性的世界图景，这一世界图景联结了客观物质、人类自身及主体思维等不同的界面和要素。在此，对于软计算而言，它本身只是应这种整体论世界观转向而提出的一种方法论策略。因此，软计算在认识论层面坚持决定论立场的目的就在于说明：一方面，软计算能够挖掘出非理性的、复杂性的世界表象背后所隐含的实在性规律、法则；另一方面，软计算并不排斥硬计算思维在一定科学范围之内的实在性地位——这种硬计算思维依赖于实证的、可计量的实验数值，并以此为基础展开线性的、符

合因果律与逻辑法则的推理。相对而言，在类似于社会科学与人文科学的现代科学领域之中通常并不包含精确的数值变量——它依赖于定性的数据分析，并且很难得出精确的、以数值作为输出结果的结论，"从科学的角度来看，软计算所提供的并非是一种最佳的方案，而是一种从技术和工程实用的角度来看'够用'的次优方案"①，使得软计算逐渐成为现代科学构造的重要工具。

我们以遗传算法为例，软计算之中的进化迭代推理方法能够很好地刻画与反映系统内部随机性的本质。这种所谓的进化迭代推理，实际上就是一个不断循环往复的"输入-输出"反馈机制，在此过程中系统内部的不确定性因素和成分所具有的结构性特征能够得到更大程度上的宏观展示。其最终结果将表明，具有随机性概率的某些系统内部行为在其背后通常隐藏着符合因果律的动因，这使其同样能够遵循有秩序的、确定性的活动轨迹。由此可见，对于非线性的复杂系统和混沌系统而言，类似于随机性等不确定性特征只是一种人们基于认识方面的局限性而产生的非决定论的假象，也从另一个侧面印证了软计算本身就是一种决定论思想和实在论立场诠释与证明的承载路径，上述三者之间的纠缠与关联态势具有深刻的理论必然性。

我们进一步从哲学视角来看，软计算在当代日益深化与复杂化的发展趋势在哲学层面上具有深刻的内涵——人的认识是有限的、具有局域性的，在一定的时空界限范围内，人的认识能力在总体上不可能超越既定的历史事实。从可能世界的理论来说，世界具有无数种可能存在的状态，其中每一种可能的状态都可以被看做是一个可能世界，然而要使这些在逻辑上具有可能性的可能世界成为事实，即要从可能世界转化为现实世界，就必然要有某种充足理由律作为其支撑。也就是说，现实中的事实背后必然有无数种理由或依据因果性地决定着转化为现实事实的可能世界。世界的转化与迁移，还是可能世界的现实表征，它们都不是完全偶然的、不确定的；偶然性、不确定性是局域的、暂时的、有限的，而世界的整体性、必然性、普遍性与规律性却是一种源于本体论信仰，同时也具有世界事实的实证依据的认识论表征，因此软计算所持有的实在论-认识论的视域本身就体现了有限性与无限性的有机统一。

四、软计算与决定论思想的深化

软计算为决定论在当代新兴科学领域之中的思想深化、影响力扩张及其地位巩固提供了更加坚实的依托，它为我们提供了一种全面审视决定论思想科学内涵的良好契机。回顾历史，西方自 16 世纪以来的决定论思想首先是在对自然科学的研究过程中获得其蓬勃的生命力和日益扩大的影响力的——严格决定论曾经作为

---

① SEISING R, Gonzále V S, 2012. Soft computing in humanities and social sciences[M]. Berlin: Springer-Verlag：25.

自然决定论思想的一种主要类型，在牛顿和拉普拉斯的物理学理论那里达到了巅峰。在严格决定论之后，随着自然科学的不断创新，统计决定论和系统决定论先后修正了严格决定论在哲学方法论层面的明显缺陷，从而使得决定论的思想更加成熟与完善。出于对自然决定论方法的借鉴与模仿，在社会历史及人文科学等领域当中决定论的思想也被引入进来，然而一直以来其合法性地位却颇受质疑——这种质疑更多的是围绕在人文社会科学领域之中是否存在规律性和因果必然性的问题而展开的——例如，波普尔在《历史决定论的贫困》一书中批驳了决定论思想之于社会历史发展的关联性意义。然而，应当指出的是，决定论思想在世界观的意义上并不简单的等同于机械论，而在当代科学之中各种视域融合的、错综复杂的问题呈现虽然打破了科学主义"统一科学"的绝对论主张，然而这并不意味着科学研究由此就失去了其确定性和规律性，"波普尔所批判的拉普拉斯的决定论是一种以物理科学为基础的决定论……（然而）哲学层面上的决定论只是强调了事件之间的因果关联性"①。说到底，在认识论的层面上，决定论思想是一种理性与非理性、相对性与绝对性的高度融合与统一，而这一点正是软计算立论的根据所在。

对于软计算而言，它本身就是一种以理性的逻辑运算法则去驱动具有非理性色彩的模糊性、不精确性概念的整体运作机制，这在认识论的层面上表现出了在混沌的、无规律的非决定性世界表象之中去探索有规律的、决定性的事物原则的典型思路，其目标就在于应对与处理人类社会各种非线性问题和复杂性问题。应当指出的是，这些非线性问题与复杂性问题其中有很大一部分是归属于传统的人文社会科学领域之中的。例如，对于自然语言的分析属于传统的语言学研究领域，对于人的心理机制的研究属于传统的心理学研究范畴，而对于决策问题的研究通常是与管理学的领域相关的。在常识上，人们认为这些问题是很难被量化的，其中所蕴含的信息量过于复杂和繁多，因此对于这些问题的研究往往是在一种较为抽象的理论定性描述的层面上去展开的，这一过程缺乏定量性与实证性。正是从这一点来说，人们在人文社会科学领域之中所坚持的决定论立场是与自然科学的决定论立场存在根本差异的，人文社会科学的决定论更多的是一种对于社会发展规律与法则的总体性把握，它基于具体的历史事实分析进而上升到抽象的哲学信念，"决定论原则的世界观职能，是人文科学固有的和主要的职能"②。为此，软计算力图改变自然科学对于人文社会科学具有决定论立场的攻击与责备，并且以理性去迫近非理性，以线性去迫近非线性，以简单性去迫近复杂性，从而深度揭示与传统科学相对的现代科学领域之中在不精确性表象背后所潜伏的事物因果规

---

① CORVI R, 1996. An introduction to the thought of karl popper[M]. London: Routledge: 106.

② 克莱纳，1998. 决定论原则是人文科学的方法论基础[J]. 文新译. 国外社会科学文摘，9：48.

律性、必然性特征——理性与非理性、逻辑性与形象性在人文社会科学领域之中呈现出一种相互交织、相互作用、互为因果的复杂决定论态势。例如，在模糊集理论中，主体的事实经验参与和介入了模糊规则的构造过程；在人工神经网络算法中，生物神经元的近似拟合功能为智能系统的自组织特性的完善奠定了基础。由此可见，软计算在多学科、交叉学科与综合学科之中的成功应用无疑进一步加深和充实了人文社会科学领域之中决定论立场的内涵。

值得注意的是，人工智能科学的大规模兴起既为软计算的引入提供了重要的实践平台，同时也为人们更加全面、深刻地理解决定论思想的内涵提供了不可多得的契机。其问题在于，20 世纪 80 年代之前，符号化的人工智能研究范式一度占据了人工智能科学研究之中的主导地位——以西蒙（H. Simon）和纽威尔（A. Newell）为代表的符号主义认为，计算机系统借助于符号的编程和逻辑计算能够实现对于目标任务的物理符号模拟分析，"符号化智能立足于物理符号系统去研究知识表征、获取及其推理过程"[①]。显然，人工智能的这种符号主义范式与扎德所谓的硬计算分析方法在理性思维模型上是一脉相承的。也就是说，以符号主义为基础的人工智能所采用的硬计算思维所秉持的是一种狭隘的、孤立的、脱离自然语境的决定论，它与哲学层面的科学决定论原则相距甚远。在人工智能的符号主义思想式微之后，联结主义和认知主义的研究范式被相继提出、发展与完善，人们充分认识到：以计算机系统为基础的人工智能不能仅作为一种物理机器而存在，其更重要的功能在于去模拟人类思维，并且展开类似于人类大脑机制一样的思考与推理，而这种属于人类自身的思维推理恰恰不是遵循严格的线性逻辑推理，而是依照一种具有高度模糊性特征的近似推理来展开工作，"人类的认知能够成功地实现符号主义和联结主义的整合"[②]，这就为软计算研究方法的引入与创新开启了大门。在这里，以模拟人脑思维运作机制为宗旨的人工智能系统仍然需要倚赖于逻辑的计算和推理，然而这种计算和推理的过程已经开始向可容纳模糊变量的、多目标路径的、能够优化选择的分析路径转变，这使得决定论的思想在认识论层面上得到了极大的丰富和完善。正是从这个角度上来说，无论是关于计算机这一概念从 Computor 到 Computer 的构词转换，还是从人工智能（artificial intelligence）到计算智能（computational intelligence）思维转换，它都充分地说明了以科学作为基础的哲学研究不可避免地将人类主体性的立场引入决定论的思想内涵的理解过程之中，并且将主体性与客体性、理性与非理性要素在科学决定论原则的构造中实现了统一。

---

① SHI Z Z, 2011. Advanced artificial intelligence[M]. Singapore:World Scientific Publishing: Ⅴ.

② GARCEZ A S,BRODA K, GABBAY D M, 2002. Neural-symbolic learning systems: foundations and applications[C]. London: Springer-Verlag: 1.

从总体上来看，以数学"确定性的终结"为口号而兴起的软计算在其发展、演变和不断推陈出新的过程中，始终坚持了科学决定论的基本原则。或者说，在软计算不确定性的计算表象背后，实际上起主导作用的仍然认识论的决定性法则和规律，这种具有后现代性特征的计算思维并非要走向后现代主义的虚无论，而是希望真正地回归到以人为主体的、以现实问题解决为目标导向的生活世界之中来。在此过程中，软计算深刻地展现出了科学决定论思想所具有的多维度内涵与特征，同时也充分地说明了科学决定论思想与人类思想进步之间不可分割的内在关联。

结语：在确定性与不确定性之间——软计算思维的认知意蕴

从认知思维的层面来看，确定性与不确定性二者都是实现认知目标的某种手段、方法和策略。为此，我们有必要从认知的角度来考察软计算理论的认知预设、认知模型及认知特征，这种考察能够使我们更加明确软计算理论在哲学思维的层面上将确定性与不确定性加以统一与整合的方法论路径。从认知哲学的立场上看，软计算代表了一种与传统计算截然不同的认知思想——传统计算将认知看做是严格的、封闭的逻辑运算，强调计算的确定性和精确性；在软计算理论中，认知被看做是基于语境的自主的、灵活的智能适应系统。正是由于软计算自身独特的认知哲学立场，软计算才表现出了与传统算法不同的算法特征。通过分析软计算的认知思想基础，不仅能够让我们从更深的层次上理解软计算的计算特征，而且也有利于我们更好地把握软计算发展的基本思路和方向。

一、软计算的认知预设

预设又可以称为前设或前提，也就是人们进行一切认知活动的基本出发点或根本立场。任何的认知活动，从人们日常的交流到科学研究，都自觉或不自觉的包含一定的预设。哲学预设是比其他的普通预设更为根本的预设，可以说哲学预设是一切认知活动的隐形根基。软计算不以追求精确值为目的，而是以更加贴近现实的方式去恰当的解决问题。因此，软计算允许存在一定程度的不确定性、模糊性、部分非真值性。软计算具有这样的计算特征，与软计算基本的认知预设是分不开的。软计算的认知预设是指，软计算方法对于认知的主体和客体的属性及认知主体与客体相互关系的基本看法。在硬计算看来认知是确定的。因为认知的客体是绝对明确存在着的，并且主体能够完全地认识客体，主体与客体之间不存在认知鸿沟，二者是绝对统一的。以此为出发点，硬计算方法表现出一种严格的、确定的、精确的"硬"性特质。软计算站在了一个完全不同于硬计算的哲学立场上，它否定了认知客体的确定性，强调认知客体的不确定性。另外，在软计算的理论预设中，认知主体的认知具有局限性，不是绝对的、无条件的。以此为起点，软计算方法表现出一种模糊的、粗糙的、非绝对性的、灵活的"软"性质。

传统的科学认知活动通常是以认知客体的确定性为起点构建的，物理学和化学就是如此。物理学是关于物质和物质运动规律的学科，化学是在分子、原子层次上研究物质的组成、性质、结构与变化规律的。但是，物理学和化学同样都肯定了物质的存在和物质运动规律的存在，它们由此出发来进行研究。就如计算主义所认为的那样，"整个世界本质上就是数，而世界的变化发展就是按照一定程序进行的运算"①。人的心理状态、心理活动和心理过程就是计算的状态、计算的活动、计算的过程。换句话说，认知就是计算。因此，认知也应该像计算一样是严格的、精确的。

软计算方法突破了硬计算方法关于认知客体的确定性的预设。以模糊逻辑为例，它摆脱了经典二值逻辑的限制，站在多值逻辑的基础上，应用模糊集合来研究模糊性或不确定性的问题。这就弱化了人们传统上对于认知客体的确定性及绝对性预设。在经典的集合理论中，一个元素与一个集合的关系要么是属于关系，要么是不属于关系。因此，经典集合概念只能表征确定的事物或事件，而不能表征模糊的事物或事件，如年轻、大雨等。模糊集合允许一个元素部分属于或不属于某一集合。元素与集合之间的关系不再只是两种确定关系（属于和不属于），而是以隶属度（0，1）来表示，取值越大隶属度越高。②另外，模糊逻辑应用模糊推理代替了经典二值逻辑精确的演绎推理，也就是以不精确的集合为前提得出可能的不精确结论。例如，人们根据条件语句（假言）"若西红柿是红的，则西红柿是熟的"和前提（直言）"西红柿非常红"，立即可得出结论"西红柿非常熟"。纵观模糊逻辑算法的这些特征，我们可以看出，软计算是以认知客体的不确定性为起点构建的。再比如，在我们的实际生活中，经常会出现许多新的事物和事件，这些事物和事件是我们无法预见的，具有不确定性。因此，认知的客体具有不确定性，试图以确定性为基础去构建完美的、确定的知识大厦和方法原则是不切实际的。软计算方法正是在破除这种绝对确定的迷信，以认知的不确定性为基础发展起来的。

另外，软计算消减了硬计算对于主体认知的绝对性预设。主体认知的绝对性与认知客体的确定性一样，它们都是硬计算思维模式的认知起点，二者共同构成了硬计算思维模式的认知基底。这种主体认知的绝对性预设主要基于两个基本的判断。其一，认知的主体与客体具有统一性。其二，从认知主体的认知能力来看，

---

① 郭贵春，成素梅，2006. 科学技术哲学概论[M]. 北京：北京师范大学出版社：78-87.

② 邓方安，周涛，徐杨，2008. 软计算方法理论及应用[M]. 北京：科学出版社：3-21.

认知主体的认知能力是无限的。由此两点不难得出这样一个结论：主体的认知具有绝对性；以此为出发点，认知就可以是精确的、确定的、绝对的。这也就是硬计算方法的思维特征。传统的数理逻辑就是以此为基础的，他们相信人们仅通过形式化的符号和严密的逻辑关系就可以穷尽整个世界，也就是说人们可以绝对的认知整个世界。

软计算方法否定了关于主体认知的绝对性预设。首先，从认知主体与客体的统一来看，认知主体与客体的统一不是绝对的、无条件的，主体与客体的统一总是基于一定的语境。其次，认知活动从来都是具体的、个体的认知，认知总是基于语境的认知，脱离语境的认知是不可能的，也是没有意义的。以遗传算法为例，它是由一种模拟优胜劣汰的生物进化过程演化而来的随机化搜索方法。在遗传算法中，首先要通过编码组成初始群体，也就是随机选取的"解"，它相当于物种的初始形态；然后要根据问题确定"解"的适应度；再对群体的个体按照它们对环境适应度（适应度评估）施加一定的操作，从而实现优胜劣汰的进化过程，"遗传操作包括选择（selection）、交叉（crossover）、变异（mutation）"①；之后，根据适应度来决定是否进行下一步运算，直到问题解决或适应度不再变化才停止计算。纵观遗传算法的整个计算过程，我们可以发现它是一个不确定的动态过程。在传统算法中，其计算的过程及初始值都是确定的，整个过程就是一个封闭的静态系统。与硬计算不同，遗传算法从初始群到结果及运算过程都是不确定的。它的初始群是基于环境随机选择的，运算程序是根据具体环境进行的遗传操作，结果随着问题及条件的不同而改变。因此，遗传算法总是基于具体语境来进行具体运算。它不是某种万能的、不变的计算法则，也不是一切问题的唯一解决方法。总之，遗传算法强调计算方法的灵活性，以及与具体环境的契合性。从根本上讲，软计算就是在强调人类认知的局限性：也就是说认知不是一蹴而就的，更不是可以事先预定的，而是认知主体与客体基于语境的统一。站在这样一个起点上，软计算摆脱计算的绝对性、精确性束缚，承认计算的不确定性因素，由此软计算能够更加灵活的解决各种问题，从而获得了更为广阔的发展空间。

总之，伴随着第三次数学危机，特别是哥德尔不完全性定理的出现，以及量子物理学对非决定性与非定域性的论证；以认知主体与客体的绝对统一性、认知客体的确定性和主体认知的绝对性为基础构建起来的绝对确定和精确的知识体系受到了越来越多的质疑，其权威性也被不断地削弱。相反，人们对于认知的非确定性、模糊性及粗糙性越来越认可，软计算的发展正是基于这种不确定性预设的具体实践。但是，软计算的发展绝对不是对于硬计算的否定。相反，软计算是对

① BABAIE-KAFAKI S, GHANBRIR, MAHDAVI-AMIRI N, 2016. Hybridizations of genetic algorithms and neighborhood search metaheuristics for fuzzy bus terminal location problems. Applied Soft Computing [J]. 46: 220-229.

于硬计算的补充，它只是要求人们在思考问题时抛弃诸如对于"绝对、确定、完美"的迷信，要求人们站在认知的不确定性的立场上，从具体的语境出发用更加灵活的方法，以更为贴近实际的方式解决问题。

二、软计算的认知模型

软计算是人们处理问题的一种方式，与硬计算一样，本质上都是对于人类智能的模拟。不同的是，硬计算仅是对人类逻辑思维的模拟，而软计算不仅模拟了人类的逻辑思维，更重要的是还在一定程度上融合了人类的非逻辑思维。从根本上讲，软计算与硬计算的这种不同是它们对于认知的不同理解造成的。换句话说，软计算的认知模型观不同于硬计算的认知模型观。一般而言，模型是指按照原物的形状和结构按比例制成的物体；从广义上讲，模型就是与原型系统有着一定相似度的实物系统或观念系统。哲学中所讲的模型是指对于世界及其他复杂事物或事件的宏观抽象。这种宏观抽象并非对于原物的直接仿制，而是基于原物的哲学构建，也就是一种宏观的假设；它的目的在于给予人们理解与解决复杂事件和事物的基本思路。例如，柏拉图的蜡印说把复杂的认知活动形象地解释为：如同蜡块接受图章的直观反应过程。认知模型就是对于人们认知系统或心智结构宏观的哲学描述，也就是人们对于知识的获得、表征、应用及问题的解决过程的一种哲学抽象。传统的认知模型观一般来说包括两种：串行式的认知模型观及并行式的认知模型观。在传统的硬计算理论中，认知通常被理解为线性的逻辑思维过程，并且认为人类智能的本质就是逻辑运算，这就是一种典型的串行式认知模型观。另外，有些学者认为，认知不是一个严格的线性过程，而是一种非线性的并行式联结网络，就如同人脑的神经网络反应，这种观点就是典型的并行式认知模型观。总体而言，软计算的认知模型观是对于这两种认知模型观的继承与发展，它将二者在语境的基础上统一起来了，形成了全新的语境认知模型观。

首先，软计算的认知模型观吸收了许多串行式认知模型观的合理内容。在传统上，绝对的串行式认知模型观认为认知过程就是一个严密的逻辑运算活动。因此，他们把认知过程理解为绝对的理性思维过程。物理符号主义（计算主义）就是绝对的串行式认知模型观的典型代表。"物理符号主义将认知活动比做是符号运算（或信息处理）的过程，将整个过程分成三个阶段输入、运算、输出。"[1]在这个过程中，符号按照特定规则被输入，然后按照特定的规则被处理，最后在满足特定要求后被输出。在这个过程中最为核心的就是规则（程序）。简单来讲，这就是一个符号或符号串按照一定规则转换的线性过程，而这一过程表现出来的特征就是严格、精确、封闭。这种绝对串行的认知模型观在解释计算机的逻辑运算、

① BUNGE M, 2007. Blushing and the philosophy of mind[J]. Journal of Physiology Daris, 101 (4-6) :247-256.

人的理性思维，以及许多科学理论时显得十分恰当，但是在指导人们解决复杂问题、解释人类非理性现象时是十分不恰当的。因此，软计算将硬计算的这种绝对性加以弱化，并与之融合。软计算方法应用语言表达代替数学表达，允许模糊性、粗糙性的存在，但它并未放弃对于语言的逻辑性的追求。例如，在模糊逻辑中存在大量的三段论推理，概率统计中也包括许多精确的数学表达。以模糊逻辑为例，在模糊集的并、交、补运算过程中，与传统集合运算一样也要遵循基本的运算律，如交换律、集合律、分配律。模糊推理也要应用经典的三段论推理形式，如"如果……那么……"的推理形式。因此，软计算并非绝对的排斥逻辑思维。

其次，软计算的认知模型观还融合了许多并行式认知模型观的思想内涵。传统的、绝对的并行式认知模型观认为认知活动就是一个灵活的刺激–反应系统，并把认知理解为认知主体内部多个或无数个相同与不同的子单位（系统、结构、组织等）相互作用的反应活动，并把认知简单地看做是一个给毫无逻辑的直观反应过程。联结主义就是一种典型的并行式认知模型观。"联结主义认为：认知的过程就像人脑的神经活动一样，是通过无数个神经元抑制和激活反应所形成的联结状态。"[1]在这个过程中，认知不是一个严格的线性模式，而是一种非线性的并行联结模式，其主要的特征是高度的灵活性和适应性。这种模型观在指导人们解决复杂问题及理解人类情感等方面有极大的启发意义，软计算理论在一定程度上融合了这种思想。例如，人工神经网络算法就是对这种思想的具体实践。但是，软计算对于强调非理性的并行式认知模型观也并非一味地推崇，软计算并没有将认知简单地看做是非理性的直观或感觉反应。软计算不仅包括人工神经网络算法，除此之外还包括遗传算法、混沌理论、模糊逻辑等多种算法。这些算法有的体现出串行式的线性思维特征，有的体现出一种并行式的非线性思维特征。

最后，软计算的认知模型观是对于串行式认知模型观和并行式认知模型观的辩证统一。软计算将传统的串行式认知模型观和并行式认知模型观在语境的基础上统一起来了，形成了全新的语境认知模型观。人们通常把语境理解为语义、语用及语形的统一。在认知哲学中，语境通常指"心灵剧场布景背后的能力"。基于语境的认知模型观认为："认知是语境依赖、语境限制和语境敏感的，认知的核心是语境，语境决定认知。"[2]从语境的认知模型观来看，认知是基于语境的；认知是通过心理语境平台，运行逻辑、规则、概念、类比、联结等并行或串行算法的心理过程。例如，科学活动运行串行的逻辑程序，艺术创作则主要通过并行式的心理反应进行。软计算方法是以语境的认知模型观为基础构建的，具体表现在以

---

① STOJANOVIC B, MILIVOJEVIC M, MILIVOJEVIC N, et al., 2016. A self-tuning system for dam behavior modeling based on evolving artificial neural networks[J]. Advances in Engineering Software, 97: 85-95.

② 曹剑波，2009. "知道"的语境敏感性:质疑与辩护[J]. 厦门大学学报(哲学社会科学版)，(4)：13-20.

下几个方面。首先，软计算方法是多种算法的集合，而非某种单一的算法。软计算方法包括模糊逻辑、人工神经网络、遗传算法、混沌理论、学习理论、模拟退火算法、概率推理等，它是一个庞大的计算方法集。同时，软计算也不排斥硬计算，而是强调硬计算的应用要遵循一定的语境规则。例如，模糊逻辑、粗糙集、概论推理都包含一定的硬计算思维，这为软计算的语境操作奠定了基础。其次，软计算以问题解决为导向，强调认知主体与客体的有机统一。例如，软计算方法具有较高的灵活性，可以根据不同的语境选择不同的方法处理问题。只有数值可利用时，可以采用人工神经网络算法；处理具有模糊性的知识时，可以使用模糊逻辑；从多个组合中选优时，可以使用遗传算法。

总而言之，语境认知模型观是对于串行式认知模型观和并行式认知模型观的优化整合及超越。语境认知模型观将串行式认知思维及并行式认知思维在语境的基础上统一起来了，从而使软计算表现的既具有灵活性而又不显得随意，既有一定精确性而又不显得僵化。因此，基于语境认知模型观构建的软计算方法也是对于以往硬计算方法的超越，具有了以往硬计算方法所没有的特征。

三、软计算的认知特征

软计算作为一次计算认知方法的革命，它突破了以往对于计算的严格性、确定性、精确性的要求，表现出了一种不同于以往的计算特征，如模糊性、不确定性、粗糙性。同时，软计算的发展也是认知哲学思想上的一次转变，与传统的封闭、僵化、被动的硬计算思维模式不同，软计算表现出了认知自主性、灵活性、开放性特征。

第一，软计算的认知自主性。自主性简单地讲就是自己做主，不受他物支配。"通常自主性用来指生命体所具有的自我决定（能够区别不同客体）、自我维持（生命体保持自身在时空中的存在）、自我发展（能够通过繁殖、遗传、进化等方式延续和发展自我）的特性。"[①]软计算方法的自主性也就是隐喻软计算方法具有了如同生命体一样的自主性。传统的硬计算是人们基于一定的逻辑原理构造的，硬计算方法从它产生的那一刻起一切就已经被注定了；它只能处理某一种或某一类问题，只能有一种固定的"解"。因此，在处理问题时只能是被动接受，而不能主动适应。与硬计算不同，软计算具有一定的自主性，它具体表现在以下几个方面。其一，软计算方法是对于自然界中智能系统或现象的模拟，如人工神经网络是对于人脑结构的模拟、遗传算法是对于生命繁衍更替现象的模拟。因此，以仿生为基础的软计算方法具有一般生命适应环境所具有的自主性特征是容易理解的。其

① MEYER K, Kaspar B K, 2016. Glia-neuron interactions in neurological diseases: testing non-cell autonomy in a dish[J]. Brain Research, 1656: 27-39.

二，软计算方法不是人为构造的程序系统，其过程和结果不是被动的、被决定的。相反，软计算方法的计算过程及结果不是简单的符号转化，它是基于一定语境的再次构造；也就是一种创造性活动。其三，软计算方法也不是一个被定型的计算方法。软计算以问题解决为导向，不受逻辑因素的影响，可以根据不同问题构造不同的算法。同时，软计算也可以通过自身算法的开发及内部各算法的相互融合形成新的算法。总之，通过对世界中存在的智能系统（如人脑思维、自然进化）进行模拟，软计算构造的算法模型更加接近生命智能或人类思维。因此，从某种程度上讲，软计算具有了一定的自主性特征。

第二，软计算的认知灵活性。灵活性原本是指生命体在生存、发展过程中对于复杂的、难以预料的生存环境能够进行灵活适应的生存能力，如生物的进化就是适应环境的一种形式。软计算的认知灵活性在这里就是一种隐喻，暗指软计算具有如生命体一样的灵活适应性。总体来讲，软计算总是能够基于不同的语境，灵活地选择解决问题的方式，从而给出较为恰当的解答。软计算的这种灵活适应性可以从两个方面得到印证。首先，软计算方法是包含多种算法的计算方法合集。对于不同问题的解答可以采用不同的计算方法。例如，概率推理和模糊逻辑，可以用来处理不确定性信息和模糊性知识；遗传算法可以用来从代表问题可能的潜在解集的一个种群中寻找最优解。甚至，软计算可以根据新的问题提出新的算法。因此，软计算在计算方法的选择上具有灵活性。其次，"软计算方法的计算结果与传统的'二值逻辑'不同，其结果不是非对即错的，它可以用隶属度、概率、粗糙集等等不同的形式表达；因此具有了更高的容错性以及抗干扰性，从而可以使软计算能够以最低的风险和代价获得最好的效果"①。软计算由于它灵活的方法选择方式，具有较高的适应能力；又因其具有弹性的计算结果，而提高了其抗干扰能力。因此，软计算在思想上体现出了一种灵活适应性特征。软计算的灵活性是软计算得以超越硬计算的重要因素之一。

第三，软计算的认知开放性。开放是与封闭相对的概念，含有允许进入和拓展之意。软计算的开放性是指，软计算在认知思想上表现出外向的发展性及内在的灵活性。总之，软计算不是一个一成不变的、固化的东西。软计算的开放性主要表现在以下几个方面。其一，软计算不是按照某种固定规则构造的单一的计算方法，而是一个内涵丰富的计算方法集。"软计算方法可以通过模拟大自然中各种各样的智能系统，如人脑思维、遗传进化、模拟退火，通过语言表达构造出多种计算方法，如人工神经网络算法、遗传算法、模拟退火算法。因此，软计算方法

---

① SAHA A, SEN J, CHAKRABORTY M K, 2014. Algebraic structures in the vicinity of pre-rough algebra and their logics[J]. Information Sciences, 282:296-320.

在计算方法的构建上是开放的。"①其二，基于软计算的计算过程并不是一个线性的逻辑过程，而是一个基于语境的选择过程。软计算的计算过程可以是逻辑的，也可以是非逻辑的，或者是逻辑与非逻辑的结合。软计算的各个算法各有其特点和独特的适应语境。模糊逻辑具有不精确、不确定的推理能力；遗传算法具有能够处理参数多、结构复杂问题的全局选优能力；人工神经网络算法拥有类似于人的自主学习能力。另外，软计算还可以通过内部不同算法的融合，如串联、并联、镶嵌等方式，形成新的、独特的算法系统。其三，软计算不要求算法本身有精确的逻辑构造，也不以追求精确值为目的。因此，软计算在计算结果上表现出不确定性及模糊性特征。也就是说，软计算的计算结果不是一成不变的，它总是基于一定语境的产物，随语境变化而改变的。因此，软计算的计算结果也不具有绝对真值性，不是非真即假，而是具有一定的模糊性。总之，软计算从其算法构建到运行过程，再到计算结果都是开放的，所以说软计算具有开放性的认知特征。

---

① REFORMAT M, CUONG L Y, 2009. Ontological approach to development of computing with words based systems[J]. International journal of approximate reasoning, 50(1): 72-91.

安利平, 陈增强, 袁著祉, 2005. 基于粗集理论的多属性决策分析[J]. 控制与决策, 20(3): 294-298.

伯特兰·罗素著, 杨清, 吴永涛译, 1990. 论模糊性[J]. 模糊数学与系统, 4(1): 16-21.

邓方安, 周涛, 徐扬, 2008. 软计算方法理论及应用[M]. 北京: 科学出版社.

弗兰克·梯利, 2014. 西方哲学史[M]. 贾辰阳译. 北京: 光明日报出版社.

郭贵春, 2002. 科学实在论教程[M]. 北京: 高等教育出版社.

郭贵春, 2004. 科学隐喻的方法论意义[J]. 中国哲学前沿, (3): 92-101.

何映思, 2011. 模糊推理方法及模糊逻辑形式系统研究[D]. 西南大学.

洪谦, 2010. 论逻辑经验主义[M]. 北京: 商务印书馆.

纪滨, 2007. 粗糙集理论及进展的研究[J]. 计算机技术和发展, 17(3): 69-72.

克莱因, 2002. 数学: 确定性的丧失[M]. 李宏魁译. 长沙: 湖南科学技术出版社.

克莱纳, 1988. 决定论原则是人文科学的方法论基础[J]. 文新译. 国外社会科学文摘, (9): 50-51.

李娟, 2000. 浅议两种处理不确定性的软计算方法[J]. 甘肃科技, 16(2): 38-39.

刘普寅, 李洪兴, 2000. 软计算及其哲学内涵[J]. 自然辩证法研究, 16(5): 26-34.

玛格丽特·博登, 2001. 人工智能哲学[M]. 刘西瑞等译. 上海: 上海译文出版社.

苗东升, 2007. 关于模糊逻辑的几点思考[J]. 河池学院学报, 27(4): 5-10.

苗夺谦, 李道国, 2008. 粗糙集理论、算法与应用[M]. 北京: 清华大学出版社.

钱宇华, 2011. 复杂数据的粒化机理与数据建模[D]. 山西大学博士学位论文.

任立红, 丁永生, 邵世煌, 1999. DNA 计算研究的现状与展望[J]. 信息与控制, 28(4): 241-248.

汤建国, 祝峰, 佘堃等. 2010. 粗糙集与其他软计算理论结合情况研究综述[J]. 计算机应用研究, 27 (7) : 2404-2410.

陶多秀, 吕跃进, 邓春燕, 2009. 基于粗糙集的多维关联规则挖掘方法[J]. 计算机应用, 29(5): 1405-1408.

王国胤, 张清华, 胡军, 2007. 粒计算研究综述[J]. 智能系统学报, 2(6): 8-26.

王凌, 2001. 智能优化算法及其应用[M]. 北京: 清华大学出版社.

王攀, 万君康, 冯珊, 2005. 创建计算智能的软计算的混合方法研究[J]. 武汉理工大学学报, 27(2): 76-79.

王文辉, 周东华, 2001. 基于遗传算法的一种粗糙集知识约简算法[J]. 系统仿真学报, 13(s1): 93-98.

吴成东, 许可, 王欣, 2002. 软计算方法在数据挖掘中的应用[M]. 北京: 机械工业出版社.

夏基松, 2009. 现代西方哲学(第二版)[M]. 上海: 上海人民出版社.

徐宗本, 张讲社, 郑亚林, 2003. 计算智能中的仿生学: 理论与算法[M]. 北京: 科学出版社.

曾黄麟, 1998. 粗集理论及其应用[M]. 重庆: 重庆大学出版社.

曾黄麟, 2002. 智能计算: 关于粗集、模糊逻辑、神经网络的理论及其应用[M]. 重庆: 重庆大学出版社.

张铃, 张钹, 2007. 问题求解理论及应用: 商空间粒度计算理论及应用[M]. 北京: 清华大学出版社.

张汝伦, 2004. 现代西方哲学十五讲[M]. 北京: 北京大学出版社.

张文修, 吴伟志, 2000. 粗糙集理论介绍和研究综述[J]. 模糊系统与数学, 14(4): 1-12.

张颖, 刘艳秋, 2002. 软计算方法[M]. 北京: 科学出版社.

周洪宝, 闵珍, 宫宁生, 2007. 基于粗糙集的神经网络在模式识别中的应用[J]. 计算机工程与设计, 28(22): 5464-5467.

周序生, 王志明, 2009. 粗糙集和神经网络方法在数据挖掘中的应用[J]. 计算机工程与应用, 45(7): 146-149.

ABRAHAM A, BAETS B D, KÖPPEN M, et al., 2006. Applied soft computing technologies: the challenge of complexity[J]. Springer, 34: 495-504.

ADLEMAN L M, 1994. Molecular computation of solutions to combinatorial problems.[J]. Science, 266(5187): 1021-4.

ALLEN P M, MALCHOW H, KRIZ J, 2001. Integrative systems approaches to natural and social dynamics[C]. Berlin: Springer-Verlag.

ALPIGINI J, PETERS J, SKOWRON A, 2002. N.Zhong. Rough sets and current trends in computing [M]. Berlin: Springer-Verlag.

ANBUMANI K, NEDUNCHEZHIAN R, 2010. Soft computing applications for database technologies: techniques and issues[M]. Hershey: IGI Global.

BAI Y, ZHUANG H, WANG D, 2006. Advanced fuzzy logic technologies in industrial applications[M]. London: Springer-Verlag.

BALAS V E, FODOR J, VARKONYIKOCZY A R, 2013. New concepts and applications in soft computing[C]. Berlin: Springer-Verlag.

BALAS V E, FODOR J, VÁRKONYI-KÓCZY A R, et al., 2013. Soft computing applications[J]. Advances in Intelligent Systems & Computing, 195.

BECVAR R J, 1999. Systems theory and family therapy: a primer[M]. London: University Press of America.

BELOHLAVEK R, KLIR G J, 2011. Concepts and fuzzy logic[M]. Massachusetts: MIT Press.

BONISSONE P P, 1997. Soft computing: the convergence of emerging reasoning technologies[J]. Soft Computing, 1(1): 6-18.

BOSSEL H, 1976. Systems theory in the social sciences[M]. Berlin: Springer Basel.

CAO B, WANG G, CHEN S, et al., 2010. Fuzzy information and engineering[M]. Berlin: Springer-Verlag: 109.

CAPONETTO R, RIZZOTTO G, FORTUNA L, 2001. Soft computing: new trends and applications

[M]. New York: Springer-Verlag.

CARTER R, 2002. Exploring consciousness[M]. California: University of California Press.

CASTILLO O, MELIN P, ROSS O M, 2007. Theoretical advances and applications of fuzzy logic and soft computing[M]. Berlin: Springer-Verlag.

CHATURVEDI D K, 2008. Soft computing: techniques and its applications in electrical engineering [M]. Berlin: Springer-Verlag.

CHAWDRY P K, ROY R, PANT R K, 1998. Soft computing in engineering design and manufacturing [M]. London: Springer-Verlag.

COMPUTING A S, 1993. Fuzzy logic, neural networks, and soft computing[J]. Microprocessing & Microprogramming, 38(1-5): 77-84.

COMPUTING A S, 1994. Fuzzy logic, neural networks, and soft computing[J]. Microprocessing & Microprogramming, 38(1-5): 77-84.

CONEE E B, SIDER T, 2007. Riddles of existence: a guided tour of metaphysics[M]. Oxford: Oxford University Press.

CORVI R, 1996. An introduction to the thought of karl popper[M]. London: Routledge.

DAN E T, RISHE N D, KANDEL A, 2015. Fifty Years of Fuzzy Logic and its Applications[M]. Switzerland: Springer International Publishing.

DEIGNAN A, 2005. Metaphor and corpus linguistics[M]. Amsterdam: John Benjamins.

DEKKER R, 2015. Applied systems theory[M]. Switzerland: Springer-Verlag.

FLEETWOOD S, 1999. Critical realism in economics: development and debate[M]. London: Routledge: 97.

FOGARTY T, 1996. Evolutionary computing: AISB Workshop[M]. Berlin: Springer-Verlag.

FOGEL G, CORNE D, 2003. Evolutionary computation in bioinformatics[M]. San Francisco: Morgan Kaufmann Publishers.

FURUHASHI T, 2001. Fusion of fuzzy/neuron/evolutionary computing for knowledge acquisition[J]. Proceedings of the IEEE, 89(9): 1266-1274.

GARCEZ A S, Broda K, Gabbay D M, 2002. Neural-Symbolic learning systems: foundations and applications[C]. London: Springer-Verlag.

GARG D, SINGH A, 2005. Soft computing[M]. New Delhi: Allied Publishers.

GEORGIOU I, 2007. Thinking through systems thinking[M]. Oxford: Routledge.

GOVINDARAJU R S, Rao A R, 2000. Artificial neural networks in hydrology[M]. Dordrecht: Springer Science&Business Media.

GRIFFIN D R, RISTAU C A, 1991. Cognitive ethology: the minds of other animals[M]. New Jersey: Publishers Service Associates.

HEBB D O, 1949. The organization of behavior: a neuropsychological theory[M]. New York: Wiley.

HOFFMANN F, Köppen M, KLAWONN F, et al., 2005. Soft computing: methodologies and applications[M]. Berlin: Springer-Verlag.

HOLLAND J H, 1962. Outline for the association for computing machinery[J]. Science: 3.

HRISTOVA P K, MLADENOV V, KASABOV N K, 2015. Artificial neural networks: methods and Applications in Bio-Neuroinformatics[M]. Switzerland: Springer-Verlag.

KAHRAMAN C, 2006. Fuzzy applications in industrial engineering[M]. Berlin: Springer-Verlag: 1.

KEPLICZ B D, JANKOWSKI A, SZCZUKA M, 2005. Monitoring, security, and rescue techniques in multiagent systems[M]. Berlin: Springer-Verlag.

KING D B, WOODY W D, VINEY W, 2016. History of psychology: ideas and context[C]. Oxford: Routledge.

LANDAHL H D, MCCULLOCH W S, PITTS W, 1943. A logical calculus of the ideas immanent in nervous activity[J]. Bulletin of Mathematical Biophysics, 5(4): 135-137.

MACHAMER P K, SILBERSTEIN M, 2002. The blackwell guide to the philosophy of science[M]. Massachusetts: Blackwell Publishers Ltd.

MARR D, 1982. Vision[M]. San Francisco: W.H.Freeman.

MEHNEN J, KPPEN M, SAAD A, et al., 2009. Applications of soft computing: from theory to praxis[M]. Berlin: Springer-Verlag.

MEINE F, 1949. The american people's encyclopedia[M]. Chicago: D.Van Nostrand Company.

MELIN P, CASTILLO O, Aguilar L T, et al., 2007. Foundations of fuzzy logic and soft computing[M]. Berlin: Springer-Verlag.

MITKOWSKI W, Kacprzyk J, 2009. Modelling dynamics in processes and systems[M]. Berlin: Springer-Verlag.

MUKHERJEE A, 2015. Generalized rough sets: hybrid structure and applications[M]. New Delhi: Springer-Verlag.

NEGOITA C V, 1981. Fuzzy systems[M]. Kent: Abacus Press.

OVASKA S J, DOTE Y, FURUHASHI T, et al., 1999. Fusion of soft computing and hard computing technique: a review of application[C]. IEEE International Conference on Systems.

OVASKA S J, SZTANDERA L M, 2002. Soft computing in industrial electronics[M]. Berlin: Springer-Verlag.

PAL S K, POLKOWSKI L, 2004. Rough-Neural computing: techniques for computing with words [M]. Berlin: Springer-Verlag.

PAWLAK Z, 1982. Rough sets[J]. International Journal of Computer and Information Sciences5: 341-356.

PETERS G, LINGRAS P, ŚLĘZAK D, et al., 2012. Rough sets: selected methods and applications in management and engineering[M]. London: Springer-Verlag.

PYARA V P, 2000. Proceedings of the national seminar on applied systems engineering and soft computing[M]. New Delhi: Allied Publishers.

RAIDL G, CAGNONI S, 2003. Applications of evolutionary computing[C]. Berlin: Springer-Verlag.

RAY K S, 2015. Soft computing and its applications, volume one: a unified engineering concept[M]. Oakville: Apple Academic Press.

REUSC B, 2005. Computational intelligence, theory and applications[M]. Netherlands: Springer-Verlag.

RUAN D, DHONDT P, KERRE E E, 1996. Intelligent systems and soft computing for nuclear science and industry[C]. Singapore: World Scientific Publishing.

RUTKOWSKI L, KORYTKOWSKI M, et al., 2015. Artificial intelligence and soft computing[M].

Switzerland: Springer-Verlag.

SEISING R, GONZÁL V S, 2012. Soft computing in humanities and social sciences[M]. Berlin: Springer-Verlag.

SHI Z, 2011. Advanced artificial intelligence[M]. Singapore: World Scientific Publishing.

SIMEONOV P L, SMITH L S, EHRESMAN A C, 2012. Integral biomathics: tracing the road to reality[C]. Berlin: Springer-Verlag.

SLOWINSKI R, 1992. Intelligent decision support: handbook of applications and advances of the rough sets theory[C]. Dordrecht: Kluwer Academic publishers.

STEPHENSON N, RADTKE H L, JORNA R, et al., 2003. Theoretical psychology: critical contributions[M]. Ontario: Captus University Publications.

WANG G, 2003. Rough sets, fuzzy sets, data mining, and granular computing[M]. Berlin: Springer-Verlag.

WATANABE S, 1978. Generalized fuzzy set theory[J]. IEEE Transactions on Systems Man & Cybernetics, 8(10): 756-760.

YANG X, YANG J, 2012. Incomplete information system and rough set theory[M]. Beijing&Berlin: Science Press.

YAO Y, DENG X, 2010. Three-way decisions with probabilistic rough sets[J]. Information Sciences, 180(3): 341-353.

ZADEH L A, 1965. Fuzzy sets and systems[M]. Brooklyn: Polytechnic Press.

ZADEH L A, 1965. Fuzzy sets[J]. Information & Control, 8(3): 338-353.

ZADEH L A, 1973. Outline of a new approach to the analysis of complex systems and decision processes [J]. IEEE Transactions on Systems Man & Cybernetics, smc-3(1): 28-44.

ZADEH L A, 1984. Making computers think like people fuzzy set theory[J]. IEEE Spectrum, 21(8): 26-32.

ZADEH L A, 1994. Soft computing and fuzzy logic[J]. IEEE Trans. Software, 11: 48-56.

ZADEH L A, KLIR G J, YUAN B, 1996. Fuzzy sets, fuzzy logic, and fuzzy systems: selected papers [M]. Singapore: World Scientific Publishing.

　　软计算是人工智能和大数据的技术核心，是相对于硬计算而言的一类计算方法。软计算的概念提出后，呈现出"理论研究方兴未艾、应用研究层出不穷"蓬勃发展的局面。软计算作为一种全新的思维方法和哲学理念备受关注，但是关于软计算的哲学研究才刚刚起步，全面认识软计算带来的哲学变革，还有很长的路要走。

　　软计算是一类方法的集合体，包括模糊计算、人工神经网络计算、遗传算法、概率计算、文化计算、情感计算、置信网络、混沌理论、学习理论等。首先，本书系统梳理了软计算的历史发展，从更深的层次分析了软计算方法的计算特征。其次，本书以软计算为科学背景，吸收软计算科学及哲学研究的成果，将其升华拓展到科学哲学的层面，深刻地剖析了软计算中关于理性与非理性、客观性与主观性、一元论与多元性的争辩，以及软计算作为一种思维方法，对以确定性思维为方法策略的硬计算提出了挑战。再次，从方法论思维层面，从科学实在论、语境论、系统论、决定论等角度，阐释了软计算对确定性理解的超越与升华，以及其对于科学确定性问题的深刻理解。最后，从认知思维的层面，通过对软计算认知模型的分析，对软计算所具有的认知自主性、灵活性和开放性给出了独到的见解。总之，本书将软计算与科学哲学的发展相结合，第一次对软计算及其带来的哲学观念的变革进行了深入的阐述，对于拓展研究者的研究视野与格局，使研究者更加全面地认识软计算意义重大。另外，本书深刻地分析了软计算在认识论和方法论层面的哲学意蕴，对于促进软计算研究者掌握科学的方法论，实现进一步的突破具有非常重要的启示作用。

　　本书是研究团队集体智慧的结晶，凝聚了大家的共同心血，体现了集体研究的智慧和充满活力的团队精神。本书由贺天平主持设计和统筹，在撰写过程中，多位学者参与了初稿的写作任务，他们思想敏锐、工作认真、成效卓著。本书最后的修改、补充、定稿工作是由贺天平负责。贺天平的博士生梁芸，硕士生刘元兴，马凯莉在本书的校审过程做了很多协助工作。本书由绪论、正文（共五章）

和结语构成，各部分撰稿人罗列如下：

绪论 软计算与科学革命（贺天平、乔笑斐）

第一章 软计算的物理内核（贺天平、乔笑斐）

第二章 软计算：确定性的争辩（贺天平、徐慧敏）

第三章 软计算：确定性的挑战（贺天平、刘俊琪）

第四章 软计算：确定性的超越（贺天平、刘伟伟）

第五章 软计算：确定性的升华（贺天平、刘伟伟）

结语：在确定性与不确定性之间——软计算思维的认知意蕴（贺天平、刘伟伟）

在本书即将付梓之际，感谢之情溢于言表。首先，感谢全国哲学社会科学规划办公室，他们对软计算研究的大力支持是本书研究顺利展开最基本的保障；其次，感谢本书的每一位参与者，从奔赴各大图书馆查阅资料，到挑灯夜战、甘于苦读，直到最后写就书稿，本书研究组成员秉着对软计算研究的热情和执著，付出了艰苦卓绝的努力；第三，本书出版得到科学出版社的鼎力支持，出版社同仁工作认真负责，最大限度地降低了本书的一些笔误和用词不当之处，在此深表谢意。

对于软计算及其哲学研究尚不完善，未来的研究将会更加系统和全面，敬请各位专家学者和广大读者批评指正。

贺天平

2017 年于山西大学